医生说你可以沮丧

就算哭出来也没关系

あなたが死にたいのは、
死ぬほど頑張
って生きているから

〔日〕平光源（たいら・こうげん）著　涂纹凰 译

中国友谊出版公司

图书在版编目（CIP）数据

医生说你可以沮丧，就算哭出来也没关系 /（日）平光源著；涂纹凰译 . -- 北京：中国友谊出版公司，2023.8

ISBN 978-7-5057-5662-5

Ⅰ . ①医… Ⅱ . ①平… ②涂… Ⅲ . ①心理学—通俗读物 Ⅳ . ① B84-49

中国版本图书馆 CIP 数据核字（2023）第 103584 号

著作权合同登记号 图字：01-2023-2705

ANATA GA SHINITAINOHA, SHINUHODO GANBATTE IKITEIRUKARA
BY Kougen Taira
Copyright © Kougen Taira, 2021
Original Japanese edition published by Sunmark Publishing, Inc.,Tokyo
All rights reserved.
Chinese (in Simplified character only) translation copyright © 2023 by Beijing Xiron Culture Group Co., Ltd.
Chinese (in Simplified character only) translation rights arranged with
Sunmark Publishing, Inc.,Tokyo through BARDON CHINESE CREATIVE AGENCY LIMITED, HONG KONG.

书名	医生说你可以沮丧，就算哭出来也没关系
作者	〔日〕平光源
译者	涂纹凰
出版	中国友谊出版公司
发行	中国友谊出版公司
经销	新华书店
印刷	北京世纪恒宇印刷有限公司
规格	880×1230毫米　32开 7.75印张　116千字
版次	2023年8月第1版
印次	2023年8月第1次印刷
书号	ISBN 978-7-5057-5662-5
定价	52.00元

· 目录 ·

前言

引言　我知道你有多厉害

Chapter 1

你之所以不想活了，
是因为你在拼命地活着

你本身就很有魅力，也很珍贵　002

就连"不想活了"这个限制都要暂时抛下　009

请不要否定一直处于消极情绪的自己　019

专注于当下这个瞬间，做你自己想做的事情吧　026

凡事没有绝对，不完美也可以　032

别人是别人，你是你　039

就算拼命讨好，讨厌你的人还是会讨厌你　045

Chapter 2

爱惜弱小的自己，
才是真正的强者

你不是必须做些什么才能喜欢自己　052

忧郁不是你的问题，是季节的问题　059

心灵脆弱和忧郁没有关系　067

你觉得是缺点的部分，其实是老天赐给你的优点　073

任何人都有讨厌你的自由　079

身体要休息才能动起来，休息并非偷懒　086

男人想要结论，女人想要有人懂　092

学会共鸣和感谢，任何人际关系都不会出问题　099

可以抱怨，甚至哭出来也没关系　104

Chapter 3

光是改变心灵，
就能获得新生

从精神医学的角度来看，人为什么会想不开　112

"不想活了"的念头背后隐藏着"想活下去"的欲望　118

"不努力"也是人生中很重要的加分项目　125

人生就像登山，不要只顾着上山，也要好好下山　132

你还记得一周前在网络上看到的信息吗　138

区分"两种喜悦"，远离空虚感　145

人之所以不想活了，是因为以为生命无限　151

Chapter 4

活着的人能做的事情
就是好好活下去

人生如果没有经历一番艰辛，就会很无聊　160

"死亡"无法重置人生　165

"消极"从另一个角度来看，就是谨慎　174

世界上根本不存在不给别人制造困扰的人　179

人生就像登上高塔的螺旋阶梯　185

想要稳定情绪，只要先让身体稳定即可　190

即便是跨出一小步也能让人有自信　195

不要去细数已经失去的东西，只要珍惜现在拥有的就好　201

罪恶感是让自己和周遭的人都不幸的恶魔情绪　207

所谓的生命，就是上天给予的有限的时间　214

结语　220

前言

正在拿起这本书的你,现在心情如何?

目前经济状况还好吗?工作还顺利吗?有没有亲密关系或者家庭方面的困扰?

在各种问题之中,你或许抱着宛如身处地狱、万念俱灰的心情拿起这本书。

你为什么会这么想不开呢?

为什么活着会这么痛苦呢?

身为精神科医师,我一直无法回答这个问题,但是某天和患者面谈的时候,我得到了莫大的启示。

那位患者是 42 岁的家庭主妇。

她出生在乡下的大型农家,是家中的长女。
父母都忙于务农,她在祖母严厉的教育下长大。
据说祖母从小就对她很严格。

祖母一句"实在不成体统,衣服要穿好",便要求她重新穿好衣服几十次;因为筷子没拿好,在吃饭前右手被打了好几次,严重的时候甚至不给她饭吃,严格的程度几乎可以说是虐待了。

上初中之后,祖母说:"像你这样头脑不好的孩子要是去补习只会被邻居笑,所以不准去!"她就真的被迫放弃去补习这件事。就连校外教学从浅草买回来的伴手礼,祖母都嫌弃说"我不喜欢,真是白花钱",然后就直接丢到垃圾桶了。

在这样的状态下,经常看祖母脸色的她自然而然地认为"活着就是避免让对方不开心,随时察言观色、迎合对方"。

同时,她又诅咒流着祖母之血的自己,强烈认为"可以的话真想换掉这肮脏的血,如果没办法的话,就只能连同整个身体一起毁灭"。

后来,她想着"自己这么没用,如果继续活着,至少要帮助别人",所以考取护理师的执照到医院工作,结婚后成为两个孩子的母亲。

有别于被祖母带大的幼年时期,她的人生从此看起来一帆风顺。

开朗又亲切的她渐渐受到医院重用。
然而……
眼红嫉妒的护士长开始霸凌她。
结果,她从28岁就开始失眠。
之后,她因为失眠无法专心工作,也无法去上班。到附近的精神科医院就诊,确诊为重度忧郁症,不得不住院治疗。

尽管出院之后也持续进行药物治疗,但症状仍迟迟没有改善,最后她只能辞去当初遭受霸凌的工作,走入家庭成为主妇。

然而，等着她的并不是光明的未来。

她的丈夫也因为工作失误而出现酒精、赌博成瘾等身心失调的忧郁症症状。

丈夫无法工作的那段时间，经常为了逃避现实而去打柏青哥（一种弹珠游戏机）。

钱用完了就发脾气，导致夫妇吵架。吵架后，一气之下又去打柏青哥，就这样不断地恶性循环。

女儿和儿子因为发育迟缓跟不上学校的进度，和朋友交流也出现了问题，所以最后都拒绝上学。

白天要照顾不上学的小孩。

晚上要照顾酒精成瘾的丈夫。

精神上已经完全没有可以喘息的空间。

但是当她奇迹般地有空当可以休息，躺在客厅小憩的时候，却发生了进一步打击她的事情。

孩子质问她："我们在家里闲晃，你就要我们去上学，为什么妈妈就可以在家里睡觉？"

连丈夫也责怪她："如果你不做家事的话，那我也什么都不做。"她接收了好多这种冷酷的话!

心灵荒芜也会导致家庭荒废,因为忧郁症而失去动力让情况更严重,最后整个家变成了垃圾屋。

每天的生活都非常痛苦,她一直想着要是能逃离这种生活不知道会有多轻松,甚至每天睡前都在祈祷"希望我就这样一睡不醒",对生活已经完全绝望了。

我很想治好她,利用各种方法缓解她的症状,可是都没有效果。

明明几乎没有改善,但她还是相信我,愿意花大约一个半小时的车程来诊所看病,这让我觉得很难受,甚至在她来看诊的日子,我的心情会变得非常沉重。

在这样的状态下,迎来我成为主治医师第十年的某一天。

患者脱口说出:"我不想活了。"我面对她,想起过往至今的事情,实在不想说"别这么说""活下去吧"这种话,反而从我口中吐出令人意外的一句话。

"不想活了也没关系。"

那一瞬间，连我这个主治医师都不知道发生了什么事。

然而，她吓了一跳似的睁大眼睛，接着就像决堤一样，落下珍珠般的眼泪。

这个时候，我终于发现了。

这位患者从小时候就被祖母的咒语"不优秀就没有活着的价值"束缚，这15年来又长期被忧郁症束缚，受到身为妻子必须支持没用丈夫的身份角色束缚，照顾发育迟缓的孩子仍要笑着扮演好妈妈的角色束缚。

即便她很想逃离这个束手束脚的人生，但还是活着承担责任，背负着压力一路走了过来。

我不知道这样说到底对不对，不过当我说出"不想活了也没关系"这句话的时候，她瞬间放下沉重的负担。

而且，我十分确定她的表情变得柔和，一副愉悦中带着安定的样子。

在那之后，她的病情逐渐好转。

首先是孩子发育迟缓的问题。
她和保健室的老师密切联络，也向志愿工作者团体请求帮助，不再自己一个人默默承担一切。

接着是她和祖母的关系。
盂兰盆节她送给祖母食品礼盒，祖母嫌弃"这么难吃，根本不是食物"，还把咬了一口的甜馒头直接寄回来，她心想"已经够了"，便决定不再和祖母联络。

最后是面对丈夫的病。
和主治医师商量过后，明确区分"妻子可以帮忙的事情"和"丈夫必须自己做的事情"，不让丈夫过度依赖自己。

这40年来，她一直认为"自己必须一肩扛起所有的事情"，因此背负着家庭的重担，而这种观念也在她想着"曾经的我已经不复存在了"并展开行动之后渐渐放下。

过去需要服用的药物也慢慢减量。

一年后。

笑着走进诊间的她，对我说了这样的话：

"医生一年前说'不想活了也没关系'的时候，不知道为什么，我的心突然变得轻盈。

"后来，我开始思考自己为什么还活得好好的，还这么努力。结果，我发现因为小时候对自己没自信，所以擅自想着'努力的话，总有一天能得到认可。不努力的话，就永远不会有人认同我'。我一直都抱着这种想法活着。

"因为医师对我说'不想活了也没关系'，我才终于从'必须被认可才有活下去的价值'这个诅咒中解脱，觉得'只是单纯活着也很好'。

"别人怎么想都无所谓。

"我想对不去上学的女儿说'我爱你'，然后抱紧她。

"我也想称赞即便发育迟缓还是努力读书的儿子。

"我想一直和丈夫笑着生活。

"然后称赞自己，告诉自己能变得幸福真是太好了。"

人并不是因为做了什么才有价值。

人的存在本身就有价值。

但是，有很多人都执着于"社会上的成果"。

她以前也认为"被别人认可才是活着的唯一价值"，所以才会觉得无法获得认同的自己不如离开这个世界。

顺利的话很好，一旦失败就完蛋了。

因此，人才会想要追求成功，不惜竭力消耗自己的能量，让自己变得焦躁，甚至产生罪恶感。

当你一直没有成果、一直觉得很失败的时候就不想活了。

然而，我们并不是为了成功或者获胜才诞生的。

讨好别人、得到别人的认同，和活着一点关系也没有。

首先，请你放下为了活下去而背负的重担，不要什么都往心里去，坦然面对外界的各种声音，用积极开朗、从容淡定的态度对待生活。

这本书分为四章，提供给读者许多提示。

如果你能因为这些提示，
让心情变得轻松一点，
从心灵之泉中流淌出温暖的泉水，
甚至流淌到你的脸颊上，
那就是你的心在告诉你"好想活下去"。

如果这本书能够为你带来一些活下去的力量，或者说让你更能从容面对接下来的人生，那么我将感到由衷的欣喜。
愿每一位读到这本书的你成为更好的自己。

平光源

引言
我知道你有多厉害

虽然有点突然,不过你知道自己很厉害吗?
我非常了解你有多厉害哦。

明明就很纤细敏感容易受伤,你还是为了不让别人有所顾虑而努力保持微笑。

虽然被别人说"你看起来好像都没有烦恼,真好耶",但其实你比别人更容易操心对吧。完全不展露这种想法的你,是真正懂得努力的人。

你真的很厉害。谢谢你。

丈夫晚回家让你觉得很不安。又或者是丈夫独自在外地工作，自己明明也很寂寞，但还是把不怎么听话的孩子好好抚养长大了。

从早到晚毫无怨言地做饭、打扫、洗衣，每天都默默地努力。

一个人照顾婆婆，明明拼命做了还是被周遭的人嫌弃，但那些怨言就是你在第一线照顾病人的证据。

因为有你亲手做的美味料理、不求回报的爱，孩子才能顺利成长，家庭才能维持下去。

虽然大家都误以为这是理所当然，但其实并非如此。

这真的是很厉害的奇迹。谢谢你。

你明明已经快要到达极限，仍然对严格的上司、令人火大的客户低头哈腰，大汗淋漓地完成工作。

因为你持续把薪水全都交给家里，家人才有钱还房贷、买食材。

这份责任感真的很厉害。

温暖的家和可口的饭菜，都是因为有你。别人很难模仿。

真的很谢谢你。

因为没有朋友、充满孤独感而无法去上学，但还是努力在家里学习，你的忍耐力真的很强。

梦想一直没办法实现，导致你变成重考生，即便如此也没有放弃追梦，你的那份精神真的很厉害。

为了给孙子存下重要的年金，餐餐粗茶淡饭，比起自己更想为孙子付出。
我深深佩服这份伟大的爱。真的很谢谢你。

因为单亲而受尽冷眼，下班回家后还要做家务，即便浑身疲惫，也要缩短睡眠时间努力养育小孩。
这样的你，对孩子来说就是一个太阳。真的很谢谢你照亮迷途孩子的路。

父母忙碌无法充分照顾家里的时候，你代替双亲照顾弟妹。你的爱如此无私，不求回报。

明明都是小孩，你却理所当然地代替父母照顾弟妹，真的很厉害。真的很谢谢你。

父母经常不在家，你明明也很辛苦，但还是一肩扛起照顾弟妹的工作，明知会被讨厌，还是会出言告诫弟弟妹妹。真的很谢谢你。因为有你，这个家才能经营下去。

当家里气氛很僵的时候，你总能巧妙地哄父母开心，在父母和叛逆的哥哥姐姐之间，缓解双方的矛盾。
你就像润滑油一样，减少彼此之间的摩擦。真的很棒，你好厉害。

除此之外，你还有很多厉害的地方哦。

被别人说"意志薄弱、没出息"而沮丧的你。
这样的你，比任何人都温柔，能够在听取周遭意见之后找出保持平衡的行动，这是很厉害的能力哦。你很棒。

虽然别人都说你很"顽固"，但你就是靠着这种不被小事动摇意志的强韧完成了很多事。

这可不是谁都可以的,我觉得你真的很厉害。

你不是软弱,只是纤细敏感、能够了解对方的心思,所以才会有所顾虑。

没错。你总是把对方放在第一位,是个温柔的人,有很多人都被你这份温柔拯救过哦。真的很谢谢你。

你其实很痛苦、很想结束自己的生命,却忍耐到今天。
而且,明明已经筋疲力尽,还是拿起这本书打算阅读。
你这么努力,真的很棒。
真的很厉害,真的很谢谢你。

我只想对今天也努力活着的各位说声"谢谢"。
如果能够传达这句话,就算你现在合上这本书也无所谓。

听好了。你真的很厉害。

请回想你的优点和付出过的努力。

无论发生多么艰难、痛苦的事情都不要忘记。

不要觉得那些优点都是小事,也不要觉得自己很没用。

容我多说几次。

你真的很厉害。

而且很优秀。

Chapter

1

你之所以不想活了，是因为你在拼命地活着

能绽放光芒的地方

你本身就很有魅力，
也很珍贵

在心身医学或精神科领域中最常碰到的烦恼就是"职场压力"。

"蓝领劳工的职场中,大家说话都很不客气,好恐怖。"

"抱着想要支持当地企业的心情到银行工作,结果工作就只是看业绩,必须硬推投资信托产品,真的好讨厌。"

"大家的口才都异常地好,业绩优异。相比之下,自己很不会说话,业绩迟迟没有起色,罪恶感让我好痛苦。"

在各种烦恼之下,去上班成了一件苦差事。

在这样的状态下,某个星期天晚上……

一想到"明天要上班"就睡不着,准备去上班的时候,甚至出现心悸和想吐的症状。

出现这种抵触去上班的症状,在心身医学或精神科就会被诊断为"适应障碍"。

你或许也是因为职场生活不顺利,正在烦恼"要不要辞掉工作"才拿起这本书。

关于职场的话题就聊到这里。

虽然有点突然，不过我想告诉你，你就像高级食材"松茸"一样哦。

拥有细腻优雅的口感和清新的香气，你拥有非常优秀的品质。

贵重程度无人能出其右。

你的优秀一定会让舞菇起舞，让杏鲍菇不甘心地咬牙切齿。

请想象一下。

客人看着你的眼神。

大家都很陶醉地看着你哦。

这位大叔好像在对着你合掌膜拜，因为你就是食材料理界中的珠穆朗玛峰，是独一无二的存在。

……然而，你不知道在想什么，跑去印度料理店工作。

那里是超乎想象的另一个世界。

没错。那里没有料理专家会刻意减少高汤中柴鱼的分量以免破坏松茸的味道,也不会因为怕煮过头而用计时器计时。

不仅如此,每天你还会和印度料理的香料军团——拥有独特微苦味的姜黄粉、特殊生涩味的姜黄块、强烈膻味的羊肉一起煮 8 小时。

你的味道和香气,早就飘到遥远的蓝天之中了。

口感也变得稀烂。

不仅如此,来这间店吃东西的客人,有些甚至还会把你当成杏鲍菇!

真的太过分了。

完全无法大显身手的你,或许会很焦虑。

可能会因为觉得自己没有价值,而产生罪恶感。

然而,你并不需要因此否定自己的价值,也不必有罪恶感。

当然也不需要否定职场,在愤怒之下一纸诉状告上法院。

印度料理拥有 4000 年的历史。

因为当地天气炎热,为了预防感染、传染病,才会发展出这样的料理方式。

在不顺利的时候，最重要的是不要在"好、坏"两种选择之间烦恼。

有时候真的只是单纯不适合而已。

番茄酱在"意大利料理界"当中虽然是明星食材，但是在"日式料理界"就格格不入。

短裤加海洋系花纹的 polo 衫可以穿去海边度假，但是身为演讲者就不适合。

当你总觉得不对劲、不太顺利的时候，**不要执着于"是否正确"的判断，也不要否定自己和周遭的人，只要去感受"不对劲"的感觉就好。**

而且在那样的环境下，和杏鲍菇交好，一起当同类，选择"坚强地在自己所处的地方直到开花结果"也是一种正确的方式。

反之，在了解"这里果然不是我的归宿"的情况下，感谢当下的环境，不带罪恶感地找寻能让自己闪闪发光的舞台，遇见最能够发挥所长的日式料理店也是正确的方式。

正确答案不是二选一，而是两个选择都正确。
享受自己选择的答案，继续往前走吧。

你本身就很有魅力，也很珍贵。
这个世界一定有你能发光的地方。

每个选择都是对的

就连"不想活了"这个
限制都要暂时抛下

我想聊聊写这本书时，绝对无法避开不谈的一件事——我和"某位男士"的对话。

那是他确定第三次落榜的第49天后。
黄金周结束，要去补习班那天。

为了去抢早上八点开门的代代木补习班的座位，他前往车站月台等地铁。

高一时，父亲得了胃癌，妈妈长期在外地出差，他几乎是独自生活。

因为不习惯一个人的生活，成绩也跟着急剧下降。

他在全年级360个学生当中，成绩掉到第348名，人也失去斗志，一年请假超过30天，呈现出拒绝上学的状态。

过了一阵子。他转换心情，认真准备医学系的考试，但医学系也不好考，所以就这样开始了重考生活。

重考第一年没有合格，重考第二年的时候他每天苦读15个小时，就连洗澡的时候都在看着浴室贴的A4大小的英文单词一览表学习，真是竭尽全力在读书。

然而，考医学系的难度实在太高，他再度落榜。

100%发挥自己的实力仍然无法实现梦想，让他心灰意冷。从此之后，身心都像铅块一样又沉重又黑暗，连一步也走不动。

即便如此，他还是开始了第三次重考。

很多补习班的医学系重考生都戏称他是"补习班之王"。因此，讲师担心他受影响，把他调到考东大、京大的专班。

当时的他，即便去补习班也毫无思考能力、理解能力，虽然人在教室上课，但是什么都听不进去。

只能看着时间徒然流逝。

或许他的身体仍然能像动物一样活动，但是身为人类的心脏从某种意义上来说早已停止跳动。

当时他应该已经处于忧郁的状态。

从前一站发车的地铁电车渐渐靠近月台。

"就这样跳下去，不知道有多轻松。"

他这样一想，差一点就要往下跳。然而，当时有一位48岁的大叔叫住了他。

其实，那个48岁的大叔就是现在的我。

那个被叫住的年轻人，是使用"引导冥想"这个方法回到26年前遇见的自己。

在资深咨商师安全的引导下，两人重新开始对话。

*

现在的我："你该不会是不想活了吧？"

过去的我："（没有料到对方知道自己的想法而吓了一跳）……！"

现在的我："你一定是难受到绝望吧？高中三年级直到重考第二年为止，总共1 100天的时间，你真的很努力了，好厉害。如果你真的很想这么做，不活了也没关系哦。"

过去的我：（吓我一跳，这家伙在讲什么啊！真过分！让人有点恼火。）

现在的我："如果真的不想活了，那不活了也没关系哦。但是，如果你现在有种吓一跳的感觉，再好好想想会比较好哦。

"说不定其实你对这个世界还有留恋，只是现在这个状态让你觉得很痛苦而已。

"现在是重考第三年，已经没有回头路了。事已至此，也没办法改变目标。

"但是，如果要继续重考，就必须一直准备不知道能不能通过的考试。

"你是不是想结束这种痛苦的状况呢？

"我以前也曾经这样，所以很了解。一旦认为必须通过这场考试才能活下去，就会变得越来越痛苦。

"所以，你就当作自己经历了凤凰涅槃，抛开所有的束缚，或许就会看见新的事物哦。"

过去的我："（稍微松了一口气）可是，我已经重考三年，也花了很多钱,给父母添了很多麻烦。而且,这是我从幼儿园的时候就有的梦想,所以觉得事到如今已经不能转换跑道了。"

现在的我:"这样啊,毕竟你一直以来都以这个为目标在努力嘛。不过,没关系。

"'活着'有无限的可能性,即便你至今的努力都没有好结果,也不代表那些努力都徒劳无功哦。

"譬如说,你已经拥有耗费大量时间和精力投入一件事情的专注力和思考能力。

"把这些能力用在其他事情上,说不定就会很顺利了。

"世界上有很多种人。

"有些物理治疗师是因为没考上医学系,所以转换跑道走整复的路线,治疗一些连整形外科都无法治好的病。

"也有咨商师疗愈那些精神科医师用药物也束手无策的病患。

"如果你'真正想做的事情'是治疗病患,那不必拘泥医生的形式也能实现。

"但愿你不要因为无法成为医生,就绝望地要走极端,而是要看见即使不当医生也是可以救人的。

"想要完成一件事,做法不是只有一种。"

过去的我:"(稍微冷静下来)是哦。原来也有这种做法啊。"

现在的我:"有人原本是因为想救人才考医学系,但是考上之后就满足于通过考试这件事,到最后都搞不清楚自己原本想做什么了。也有那种只是找出病患身体里疾病的名称,像机器人一样开处方药的医生啊。

"我希望你再回想一下,自己真正想做的事情是什么。

"考医学系只是手段,和'救人'这个梦想一点关系也没有哦。

"你要不要当作今天已经跳下月台,就这样结束'没考上医学系就没价值,我完蛋了'的人生?

"然后再朝着'救人'这个真正想走的路前进即可。

"这样想象一下,不会觉得很兴奋吗?"

过去的我:"如果'必须考上医学系'这个从幼儿园时期就背负的重担消失,我想心脏应该会血路畅通,开始出现期待之心。"

现在的我："既然如此,你不妨抱着这个期待,再挑战一次。

"无论结果如何,未来的自己也会一直支持你哦。"

*

接着,我和过去的自己告别,从引导冥想的状态回到现在的自己。

当肩膀变轻松的时候,我发现重考三年这件事,在我的深层意识里就像一个疙瘩一样,一直都在。

"不想活了"的限制会产生"必须活下去"的束缚。也就是说,我必须活下去。

在单纯活着之上,添加"必须活得很好"的限制。

更进一步,在人与人的关系之中,产生人际关系的制约,又变成"必须让别人觉得我活得很好"。

接着，为了做到这一点，又催生"必须有价值"这个限制。让人烦恼自己到底有没有价值，如果没有的话就不想活了。

如果重考生之中，有人出现跟我一样的状况，请想一想：
自己真正想追求的是什么？为了了解这一点，请抛下包含"死亡"在内的一切限制。

试着让自己从所有的限制之中解脱。

如此一来，宛如一潭死水的黑暗心灵就会涌进热血，再度发出光芒。

如果能做到这一步，你应该就能找到自己想做的事了。接下来，只要精心呵护这份平静的热情，朝着自己期待的方向前进即可。

这就像露营时生火一样。
即便刚开始只是小小的火种，最后也会变成巨大的篝火。

如此一来，你绝对不会想"死"。
因为，我们人类就是为了体验"生"才来到这个世界。

试着让自己从所有的限制之中解脱。
如此一来，宛如一潭死水的黑暗心灵
就会涌进热血，再度发出光芒。

负面思考的价值

请不要否定一直处于
消极情绪的自己

病患会来诊所问我：

"我心里总是很不安。该怎么做，才能完全消除不安呢？"

"我总是负面思考，该怎么做才能保持积极正向的思考呢？"

我很了解病患的这种心情。

这种时候，可以通过呼吸法（容我之后介绍）等手段来减轻不安，通过训练也有可能把负面思考转为正向思考。

然而，要完全消除很困难。

因为在大自然之中，负面思考非常正常。

请想想原始的大草原。

草原上有一群斑马，也有紧盯着斑马的狮子。接下来请大家以斑马的角度来阅读下述内容。

你附近的草丛中有"沙沙"的声响。

这种时候，你不用确认声音的主人究竟是谁，就会负面

写给中国读者的一封信

亲爱的中国读者朋友：

很高兴能有机会在我非常喜爱的国家出版自己的作品。中国曾是我的父亲学习针灸的地方，而我也一直以中药为主为患者们开具处方药进行治疗。另外，我每周都会前往距离诊所步行只有2分钟的中餐厅"满咪"，吃一碗我最喜欢的粤式风味拉面，所以我觉得中国就在我的身边，离我很近。

这本书写于2021年3月，当时的我们正在与新冠肺炎疫情做抗争。得益于此书的出版，我收到了很多读者的热情反馈："看完这本书我的心情变轻松了，我想好好地活下去""我本来都有想死的念头了，但是读了您的书，我放弃了这个想法。""书中写到的很多地方都让我觉得感同身受"……作为一本直面"死亡"的书，能受到这么多读者的喜爱，让我内心非常感动。而这本书也有幸获得了2021年日本心理大奖。

即便在这本书出版两年后的现在，也有很多读者表示"我非常希望小学生也读一读这本书"于是有读者大量购买这本书并赠予一些小学。由此，这本书在日本国内一点一点传开了。

在这本书中，我毫无保留地描述了我自己的绝望经历，比如我曾三次高考落榜，因为绝望而陷入抑郁

证并因此而死，以及我是如何面对此日本人以难过的心地度的后创伤的工作压力，如何处理人际关系，如何度过艰难日常的心理咨询故事，以及一些关于人生的思考。我在书中还写下了在1年内与约1万名患者对话，得出的面对生存困境的心灵方。希望读者朋友们能以放松的心态阅读本书。

我们终于挨过了新冠肺炎疫情，然而仍有很多人在担心充满未知的新世界，比如全球气候变化，经济危机，以及如何与以ChatGPT为代表的AI共存等。

但是，我们一定可以战胜未来的不确定性，因为生而为人的我们有一颗珍贵的心。

虽然"心"会让你受伤，让你愤怒、难过，但正因为有一颗"心"，你可以期待未知的喜悦，并怀着兴奋的心情继续前行。而你的积极行动会成为他人的一盏明灯，照亮这世间的某处黑暗角落。被温暖的人心中会竟起一盏新的明灯，又将照亮另一个人的心。由此，世间将充满光亮。毕竟，"心"没有国界。

如果这本书能打动你的心，成为你今后生活里的光，我将不胜感激。

2023年3月11日

平光源

思考:"是狮子!"然后溜之大吉吧?

这种行为就是铭刻在基因当中的正常反应。

假设刚才的"沙沙"声不是狮子。

那也不代表下次听到"沙沙"声的时候,来者一定不是狮子。

也就是说,你是因为负面思考才能存活下来。

在大自然中,长寿的秘诀可以说正是负面思考。

反之,如果没有感到不安、紧张,关键时刻可能来不及逃生,马上就被吃掉了。

然而,人类世界有政治架构控制团体,有警察守护治安,有屋顶、隔热材料、空调保护身体,没有负面思考也能存活下去。

因此,人类才会产生"毫无凭据的乐天"这种特殊的情绪。

顺带一提,正是这种"毫无凭据的乐天"让人类登上了月球。

初次抵达月球的宇宙飞船是"阿波罗 11 号"。

宇宙飞船里搭载当时最先进的计算机。

然而,这部计算机从现代的角度来看,性能比"任天堂游戏机"还差!

竟然想以这种程度的机体,登上月球并返回……再乐天也得有个程度吧!

正在读这本书的你也绝非例外。

你搭乘过飞机吗?我想应该很多人都搭乘过。

假设今天科学家们发明了超强化玻璃和透明金属,飞机整个机体都是透明的,飞机中的乘客能够看到外面所有的景色。

有多少人还能自信满满地说"我敢搭乘飞机"呢?

我想应该没有人敢搭乘。

这还真是不可思议。

使现实可视化,让人们正确认知自己飞在 5 千米高空的瞬间，大家就不敢搭飞机了。

简单来说，大家只是被"毫无凭据的乐天"欺骗，由此产生了安全感才敢去搭乘飞机。

因为感到不安而来医院咨商的病患，从某种意义来说就是正从人类的错觉中醒悟，找回野生本能的正常人。

正向思考是突然变异，所以他们只是回到生物标准的负面思考而已。

所谓的治疗，就是让他们再度回到"毫无凭据的乐天"这种梦想般的世界。如果没有自觉的话，就会想着："为了回归正常，必须逼自己正向思考才行！"然后做一些徒劳无功的努力。

负面思考很正常。不用特别放在心上，坦然接受这种情绪，让它自然而然地来，也自然而然地离去。

而且，负面思考为了保护生命所发出的不安、紧张等警报也很正常。

因此，请不要否定一直保持负面思考的自己。

请告诉为了保护"我"避开危险,持续发出警报的身体:
"为了让我避开危险,你一直很努力对吧。谢谢你。"
请好好感谢自己的身体。

请把胸口正中央、靠近心脏的位置当作自己的心,然后温柔地轻抚那颗拼命发出不安、紧张讯息来拯救自己的心。

受到肯定的负面思考会因为你告诉自己没问题而感到安心,不安、紧张的情绪也会渐渐稳定,接着就能恢复真正的自我了。

负面思考不是你的错,
那只是铭刻在基因中,
非常正常的反应。
因此,
不需要因为负面思考而感到沮丧。

社会上的常识

专注于当下这个瞬间，做你自己想做的事情吧

前一阵子，患者来向我咨询有关结婚的烦恼。

患者和伴侣交往三年了。

虽然都想要结婚，但是双方都是独生子女，家里强烈要求孩子要继承姓氏和家业，所以反对他们结婚。

患者也因为无法结婚而烦恼。

还有另一位患者说，单身女性没有其他可依靠的眷属，因为后继无人，所以必须在离世前办理行政手续，把家族坟墓的遗骨迁出。

她似乎因为自己无法结婚，逼不得已要废除家族坟墓而产生罪恶感。

我听完她们两个人的说法之后，深深觉得："太可惜了！"

因为那对情侣和双方父母、为了废除家族坟墓而烦恼的患者，都被先入为主的偏见支配了。

你知道200年后，日本的人口剩下多少吗？

据说只剩下1 600万人。

是现在人口的八分之一。

"佐藤""铃木"这种姓氏可能还会存在，但是大多数姓氏应该都会消失吧。

日本好像是在 2 100 年前还是 1 900 年前开始种植稻米。对生活在当时的人来说超级重要的事情，对生活在未来的我们而言，200 年还算是在误差范围内。

如果是在 200 年后会消失的姓氏，今年消失或许也无所谓。

另外，据说到了 3 000 年，日本的人口就剩下两千人了。

如果到那个程度的话，不要说废弃家族坟墓，就连日本都亡国了，坟墓什么的根本就无所谓了吧？

"不求你大富大贵，至少要过上一般人的生活。"我们都在父母的这种刻板观念中长大。

"不求你多有才华，至少混个大学毕业。"

"至少要结婚。"

"××岁之前没结婚的话很丢脸。""不能我这一代就断了香火，所以你一定要招赘。"

"离婚很丢脸，所以你要忍耐。""如果要组织家庭，至少要有正职工作。""至少要生两个小孩。"

这些发言其实只是单纯的偏见。

譬如说，现在三对夫妻就有一对离婚，而且有 30% 的人一开始就决定不结婚。

约聘人员和打工族有 1 700 万人，正职人员的比例每年都在减少，五对夫妻中有一对必须做不孕治疗，即便这样 2022 年日本总和生育率也只有 1.27%。

当然，总和生育率小于 2% 的话，日本人口就会一直减少。

父母说的"至少要××"的意见，在 10 年前或许很普遍。

然而，因为产业结构的变化和女性走入社会、高科技等高速时代转变，10 年前的常识现在已经不再是常识了。

"守护家庭就应该结婚。"

"应该生小孩。"

这些在现代社会中很难实现的事情,被父母说成"至少要这样""至少跟别人一样",听了真的很难过。

刚才我也说过。

这些都是偏见,"过去都这样"只不过是历史。

拘泥于父母或祖父母口中过去的常识,被难以实现的想法束缚,因为这样无法活在当下,真的很可惜。

请专注于现在这个瞬间,做你自己想做的事情吧。能改变的只有你自己。

以前的常识，

现在已经不适用。

常识就像生物一样，

会随时代进化。

被奇怪的常识束缚，

真的很可惜。

世界充满不确定

凡事没有绝对，
不完美也可以

人类的感受非常靠不住。

请看下面的图。

在两幅图中，中间的圆哪一个比较大呢？

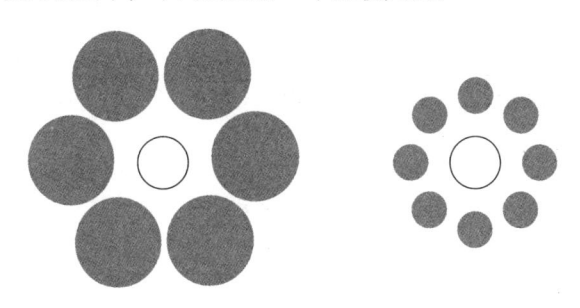

其实这两个圆的大小一模一样！

背后的原理是这样的——

左右两图中，中间的两个圆都一样大，但是在周围放上大圆就会看起来比较小，在周围放上小圆就会看起来比较大。

我们看待现实世界的时候，也会像在看这张图一样。

也就是说，我们每天都在这种错觉之中过日子。

假设你是一个上班族，在有七名同事的部门工作。

如果以"大小"来表达能力，当你周遭都是能人，像左边那张图的话,你会呈现出什么样的精神状态呢?

你可能会觉得:"我都在给周遭的人添麻烦,真的对不起大家。"

或者是无法感受到自己的价值,觉得"自己很没用"。

这样很可能会患上忧郁症。

最后还有可能会因此不想去上班。

反之,如果自己是职场中最有能力的人呢?

你会觉得"都是因为其他人"整体进度才被拖慢,自己如果不在公司就无法运转。

结果大概会陷入"都只有我在做事,太不公平了"这种被害者情绪之中。

然而,如同刚才说过的,左右两张图里面的"自己"其实都一样大。

为了增强说服力,请看下面两张图。

左边的发色是不是看起来比较黑，右边的发色看起来比较浅？

然而，两张图的发色其实是一样的！

如果用剪刀剪下头发的一部分对照就一目了然了，但是即便现在已经知道答案，看上去还是觉得颜色不一样。

请把这个架构套入现实世界吧。

周遭一片漆黑＝被坏人包围的时候，自己看起来就会比较白=看起来像好人。

反之，周遭一片光明=被好人包围的时候，自己看起来就会比较黑=看起来像坏人。

然而，如同之前解释过的，其实左右两边都是相同颜色。也就是说，本来就没有什么好人坏人。

我长期看诊，经常遇到患者对医师抱怨职场上的同事——
"我不能忍受在背后说别人坏话的人。同事都是这种人，我真的觉得他们很过分。"
然而，冷静想一想就会发现这个状况很奇怪。
讨厌在别人背后说坏话的患者，竟然到医院来说别人的坏话……

就像刚才头发颜色看起来有差异那样，患者觉得职场上的同事=坏人、自己=好人，所以没发现自己和同事做了一样的事。

因为有很多人误把"大小""轻重"等相对概念的东西当

成绝对，才会觉得做什么都不顺利。

真实的世界就是这么摇摆不定。

因此，最重要的不是和他人比较导致喜忧不定，而是认同现在的自己，接受当下的自己并不完美。

尽管你觉得自己是 100% 的受害者，也要想着自己或许也有一点加害者的成分，这样就能体谅对方了。

凡事没有绝对。

请让自己从"应该要这样"的黑白限制之中解脱吧。那一瞬间，世界上应该就没有受害者和加害者了。

这个世界不存在绝对的正确。
如果你觉得有，
那只是你的错觉而已。

正义之战

别人是别人，
你是你

我到南美秘鲁的马丘比丘旅行时，曾经在晚餐的餐桌上出现"烤全鼠"这道菜。

同团的年轻人兴奋地大啖烤全鼠。

而我在一旁觉得很不卫生，迟迟无法鼓起勇气吃那道菜，只能默默地吃着像煮过头的乌冬面一样发胀的拿坡里意大利面。

就像这样，我们总是擅自为食材贴标签——

"吃老鼠肉很不卫生。"

"吃肉很野蛮。"

甚至鄙视吃下这些食材的人，认为"不吃"才是正义。

对那些不吃这种食物的人自以为是的正义感到愤怒，对自己的饮食文化感到骄傲，于是便开始一场争辩。

我把这种争辩称为"正义之战"。

即便不至于到战争的地步，但是这种彼此不理解的状况随处可见。

假设你搬到乡下,来到一个有树木环绕的地方,阳光透过树木的缝隙射下缕缕光线,很多蝴蝶在房屋四周翩翩飞舞,是不是很棒呢?

不过,如果在四周翩翩飞舞的是飞蛾,那就有点讨厌了吧?

其实这种感受换作法国人就完全不能理解。

因为蝴蝶美丽、飞蛾很脏并非绝对的"正义",只是日本人的"感受"而已。

而法国人不去区分蝴蝶和飞蛾。

再譬如,我觉得鲔鱼生鱼片非常美味,却不敢吃鲣鱼生鱼片。

因为鲣鱼有股血腥味。

那我这个"鲔鱼比较好吃的理论"能套用在美国人身上吗?

很遗憾,这很难。

对大多数美国人来说,两种鱼都叫作"金枪鱼",没有什么不同。

实际上我们以为是鲔鱼的罐头,有些仔细一看就会发现原料其实是鲣鱼。

　　我们会遵从自幼接受的概念，判断事情的对与错。
　　结果，当我们和别人的意见相左时，就开始"正义之战"。
　　我不是在否定"认为自己正确、重视自己的坚持"这件事。

　　只不过文化、风俗会随国家、地区、时代而变迁。

　　而且，每个人对词汇的定义不同，在不知道词汇定义的状态下，把自己认为的正确强加在对方身上，只会让彼此都不幸。

　　现在这个时代出于各种各样的原因与突发状况，必须改革。

　　我想接下来的时代，表面上的人际关系会渐渐消失，人们只会和真正想来往的人交流。

在这种潮流之中，呐喊古老的常识并感到愤怒，只会让自己觉得很烦又很累而已。

请停止这种"正义之争"。

而且，也不要在这种争论之中气得变成加害者，或者变成受伤的被害者。

别人是别人，你是你。

拒绝无意义的社交，
只和真正想来往的人交流。

和网络相处的方式

就算拼命讨好，
讨厌你的人还是会讨厌你

我觉得说话真的好难。

以前患者问我问题,我为了让对方安心,所以回答"没问题的"。

那位患者说:"医师这样说,我就真的放心了。"似乎也真的松了一口气。

然而,也曾经有别的患者怒回:"医师明明就不是当事人,竟然敢说什么没问题。"

说话之所以很难,就是因为即便你是为了对方好而采取某种回应,对方还是会往负面的方向看。

除此之外,还有很多其他类似的例子。

"这不是病哦。"有人听到这句话会觉得安心,但也有人因此沮丧。针对这件事,容我再详谈一下。

有人听到"你这是忧郁症"的时候,就仿佛自己得了不治之症一样绝望,但也有人觉得"原来不是我生性懒惰"而安心地哭了出来。

如前文所述,就连实际对话的时候,也会出现这种不同的状态，所以在看不到对方表情的社群媒体上，就更容易引发误解。

假设某个演技派女星，在社群媒体上说"我的演技还不成熟"。

这样一句话就会出现各种不同回应。
"明明就觉得自己很会演还说这种话，真是讨厌的家伙。"
"是在求关注吗？"应该也会有人从负面的角度看这句话吧。

反之，也会有人正面看待这句话——"明明演技精湛还这么谦虚，不愧是知名演员，好有上进心。""应该是碰到低潮期了吧。毕竟你是个性很认真的人，我会一直支持你。加油哦。"

这位女演员可能是因为失去自信，所以为了鼓励自己才发文的。

又或许是想要粉丝关心，心想着"拜托告诉我没那回事"才会发这段文。

重点在于我们必须明白，人类只会看自己想看的，听自己想听的。

每个人的成长环境和过往经验都不同。

因此，要让所有人都安心、让所有人喜欢是不可能的事。

也就是说，无论你有什么发现、发了什么文章，都一定会有人否定，这也是没办法的事。

人是一种需要自我肯定的生物。

因此，往往会过度努力让对方认同，试图讨好别人。

为了讨好纤细敏感的 A 先生，说出委婉的言论，B 先生说不定就会觉得"说得不清不楚"。

如果为了讨好 B 先生而清楚表达意见，C 先生又会说你个性很难搞。

这种时候，关键在于先接受现况，告诉自己"就算自己竭尽全力，对方也有可能会觉得很奇怪，但是这样也没关系"。

换成是社群媒体的话，就更要抱着不可能被所有人喜欢的觉悟。

如果觉得很困难，那我建议和社群媒体保持距离。

若能放弃讨好所有人，应该就能稍微获得一些自由。

人类只会看自己想看的，听自己想听的。

若能放弃讨好所有人，

应该就能稍微获得一些自由。

Chapter

2

爱惜弱小的自己,才是真正的强者

自我肯定感的陷阱

你不是必须做些什么
才能喜欢自己

乍看之下最简单，但其实也是最难的事情，就是——
"重视自己"。

我想来谈谈这一点。

有位 A 小姐对自己没有自信，不敢外出。

A 小姐因为初中被霸凌，面对别人的时候变得非常紧张，导致没办法好好读高中。即便如此，她仍然勉强达到出席天数毕业了。

大学也是好不容易考上的，但是连一个好朋友都没交到。

就算想去上课，也会因为在意别人的视线而出现心悸、想吐、呼吸困难等症状。

她想做点什么改善症状，所以来医院就诊。

当时靠抑制紧张的药物，让她能够暂时出席课堂，拿到学分。

但是她心中仍然经常感到不安。每次都问我一样的问题：
"我对自己没有自信，要怎么样才能提升自我肯定感呢？"

还有一位 B 小姐，因为失眠来就诊。

B 小姐不愧是"一直在努力提升自己"的人，不仅外表美丽，还拥有插花、和服、瑜伽老师等证照。

在社交方面，也有很多脸书上的好友。

她对学习非常有兴趣，学了心理学也拥有咨商师的证照，是一位非常体贴别人、懂得自我肯定的女性。

然而，当她越来越"完美"，就越来越执着于"要有自己的风格"，最终导致无法与男友相处，恋爱总是无法长久。

接着，她为了能够在遇到可以理解自己的理想男性时获得青睐，所以更加磨炼自己，提升自我肯定感。结果陷入相同的循环。

A 小姐和 B 小姐的烦恼乍看之下完全不同，但本质上是一样的。

她们两个人的共同点就是被自我肯定感这个怪物控制了。

A 小姐认为只要能自我肯定，就不会这么痛苦了。

然而，实际上她现在加入漫画研究会，比起过去关在家里的时候，更能享受和朋友一起投入社团活动的感觉。

客观来看，她没发现自己一点也不痛苦，反而非常开心，真的很可惜。

和 B 小姐对话的时候，我发现她对答如流，是个非常优秀的人。

然而，因为她流露出的"完美自我"，让和她对话的人反而失去自信，总觉得和她说话很累。

即便我直说"这或许就是你无法和男友长久交往的原因"，她也一派轻松地回应"这样啊"。

无法抛下对"充满自信"的坚持，又讨厌无法长久维持的恋情。因此，陷入持续努力提升自己的循环。

对这两个人而言，真正重要的事情不是提升自我肯定感，而是重视自己。

所谓的"重视自己"就是喜欢自己。

大家可能会觉得："这和自我肯定感有什么不一样？"然而，当一个人说"我必须提升自我肯定感"的时候，就表示这个人认为"如果没有努力交出成果，就等于没有价值"。

从另一个角度来说，就是认为：什么都不做、没有交出任何成果，代表"自己毫无价值"。

这就是不重视自己的证据。

我这么说，经常因为在意自己的发型而照镜子、觉得"我怎么这么厉害"、非常热爱自己的"极度自恋的人"应该无法接受。

但是，这些极度自恋的人，需要靠"我很棒、很优秀"这种念头以及别人的称赞，才能维持心灵稳定的状态。

也就是说，其实这个人根本就不认同自己，也不重视自己。

请认同自己原本的样子，而非不断发掘现在的自己其实很棒、是重要的存在，试图通过获得什么才能找到价值。

首先请认同自己、喜欢自己,这样你就不需要他人的认可了。
　　而且也不会因为太过执着于"自我",而破坏和伴侣之间的关系。

　　这才是真正的重视自己。

你不是必须做些什么才能喜欢自己的。
现在的你就已经很好了!

季节的循环

忧郁不是你的问题，
是季节的问题

医生这个工作做了 20 年之后，很清楚身体状况会因为季节而变化。

用中医的一个观点来说，人的身体状况一整年就是一个大循环。

二月三日是立春前一天的"节分日"，这是季节循环的一个断点。也就是说，节分是能量归零的起点。

这是人体气息最弱的时候，所以习俗上会边撒豆子边喊"恶鬼出去"以免邪气入体，喊"福气进来"以吸取天地灵气。

以这天为起点，三月种子发新芽，根茎开始生长，花朵逐渐绽放，生命的能量越来越强盛，在八月十五日的时候到达巅峰，达到 100% 释放。

按照日本传统，此时，正是人们最接近天上祖先的时候，所以才有能够和祖先交流的盂兰盆节。

过了盂兰盆节之后，能量又会缓缓下降，直到明年的二月三日为止。

也就是说，九月就是"云霄飞车"开始往下冲的时候，身体状况不好很正常，二月则是生命能量降到谷底的时期，有不少人会在这段时间早上起不来，不想去上班，甚至产生极端心理。

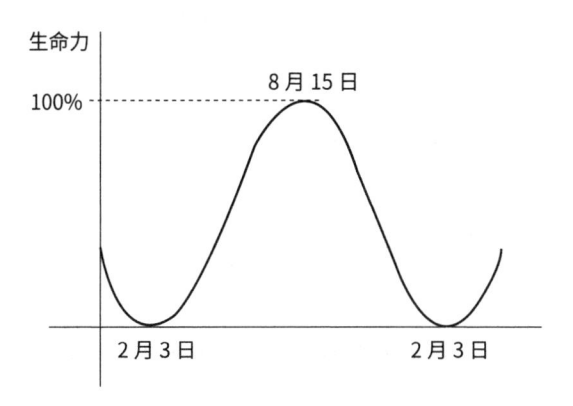

```
生命力
        8月15日
100% ┈┈┈┈
         ╱╲
        ╱  ╲
       ╱    ╲
      ╱      ╲        ╱
  ╲__╱        ╲_____╱
    2月3日            2月3日
```

请思考一下。

去动物园都知道，夏天，动物都躲在阴影下尽量不动。

冬天，为了过冬尽量减少活动，以免消耗多余的卡路里。动物都知道，要随着春夏秋冬改变生活方式。

除此之外，即便季节没有大幅变换，天气也会对生命产生影响。

在大自然中，一下雨视线就会变差，不只会找不到猎物，体温、体力都会下降，自己变成猎物的概率反而会更大。

因此，即便下雨也会出没在森林里的动物就会被淘汰。也就是说，在进化的过程中，为了更好地生存，一下雨动物体内就会分泌懒洋洋的激素。

然而，人类呢？

发明了冷气和暖气、照明和汽车，过着春夏秋冬没有什么区别的生活。这难道不是一种非常傲慢的思考方式吗？

因为违反了自然规律，所以在入秋时人们经常出现累积夏季疲劳的"中暑"症状；冬季明明就应该减少活动，早上起不来也很正常，但是仍然要准时起床勉强自己去上班，甚至还要加班，让正常的生命系统超过负荷，进而引发"冬季忧郁症"。

再加上日本从四月开始迈入新年度，人们在这段时间过度绷紧神经适应新环境，接着便迎来黄金周的长假。

这个时候绷紧的弦突然断线，导致黄金周结束后无法去上班的"五月病",就是社会制度诱发的疾病。

美国是从九月开始新年度,所以不存在五月病,从这一点看来,无视生命的节律就会出现这种本来不应该存在的疾病,真的很令人惋惜。

而且人还会更加责备自己:"一下雨就什么事都不想做,不去健身房的我,就是个意志薄弱的人。""一到秋天就觉得特别寂寞、悲伤,真的好丢脸。"

原本就已经很无精打采了,这时候再拿着长枪去戳毫无活力、有裂痕的心,最后当然会心碎。

活力这种东西就像优格(凝胶状酸奶)一样,每天吃70%,只要留下30%加入牛奶,静置一个晚上,隔天就会回到100%。

只要每天都这样做,一辈子都有吃不完的优格。

也就是说,一辈子都能充满活力。

然而，认真又拼命、为了他人太过努力的人，只要有100%的活力就会全部用完，渐渐变得无论静置多久，都无法恢复活力。

接着，无论多努力踩油门，车都会因为没油而动不了。这就是所谓的忧郁症。

切记，只用掉70%的活力，保留30%。

这就是永葆活力的秘诀。

当我这样说的时候，通常都会被反驳说："同事都这样做，所以我也必须跟他们一样。""大家对我有期待，我必须回应。""即便牺牲自己也要为对方做些什么，这不是很棒吗？"

大家要不要一起改变这种生活方式呢？

勉强输出自己的能量给对方，因为过度消耗导致自己这朵花枯萎，这样大家都会活得很痛苦。

继续勉强自己，导致罹患高血压、糖尿病，最后免疫力下降得了传染病，搞不好连命都没了。

结果，活着的同事和家人，只好更努力、更勉强自己。

陷入一种不勉强自己的人就是不努力的错觉，因为罪恶感而消耗自己的心志。

为了让别人幸福而牺牲自己的世界，最后会变得到处都是筋疲力尽、宛如丧尸的人，就像一部恐怖电影，这样真的太可惜了。

"不勉强"并不是因为自己想偷懒，而是为了重要的家人和其他人哦！

冬天时觉得提不起劲，
是冬天的问题。
夏天时容易疲劳，
也是夏天的问题。

疾病的新信息

心灵脆弱和忧郁
没有关系

我毕竟是一名医师，这里想针对所谓的"情绪"，聊聊医学原理。

2020 年 10 月的研究结果发现，情绪之中，尤其是忧郁的情绪和病毒有关。

这是慈惠医科大学近藤一博教授的研究结果。

研究显示，人疱疹病毒-6 型感染的基因会制造形成忧郁症的蛋白质。

其实，过去人们一直在研究造成忧郁症的人类基因，但是始终没有找到关键的基因。

因此，近藤教授转念想到"说不定不是人类的问题，而是导致人们感染的病毒有问题"，并且脚踏实地研究至此。

近藤教授在发表研究结果的时候说："忧郁症和心灵脆弱没有关系，绝对不是出于个人责任而引发的疾病。"

近藤教授说得真好！只要忧郁的情绪和欲望、兴趣低落持续两周，就会被判断为忧郁情绪。

如果就连这种持续性的忧郁情绪都是病毒的问题，那我们每天感受到的忧郁，或许就是受到病毒活动的程度影响。

除此之外，2018 年 8 月，在京都大学的成宫周特聘教授和神户大学的古屋敷智之教授的共同研究中发现，忧郁症是一种脑部的发炎症状。

据研究，只要有压力，脑部的发炎细胞就会产生活性，造出发炎物质，进而演变成忧郁症。

发炎本来就是为了抵御细菌和病毒。也就是说，这是人类为了活下去，出于本能刻意引起的反应。

然而，"战场"却因为发炎这个"对战"的行为而变成一片焦土。也就是说，脑细胞会因为对战过度而损坏，或者是活动力减弱，进而引发忧郁的情绪。

这两种研究目前仍停留在理论阶段，接下来全世界的研究机构都将进行验证，在医学上要证明这个理论正确应该还需要一段时间。

然而，重要的是这些研究都推翻过去认为"忧郁是因为心灵脆弱""忧郁就是懒惰病"的武断说法。

没错，"心灵脆弱和忧郁可能无关"已经是事实了。

当你努力到极限仍然没有好成果的时候，就会陷入忧郁对吧？

如果在这种状态下，还被谴责是"不够努力"，最后忧郁的症状只会越来越严重，甚至还会陷入绝望。

我在重考的时候，就陷入了这种状态。重考的第二年，我感受到已经没有回头路了，每天读书15个小时，拼命学仍然没有考上的那天——

我脑中的生命支线，"啪"的一声断掉了，身体宛如沉重的铅块动弹不得。

回顾当时觉得"离开这个世界就会轻松吧"的状态，我想应该就是已经被忧郁的情绪支配了。

因此，我很了解现在的你有多么痛苦，多么想从忧郁之中解脱。我完全没有要否定你的意思。

可是，如果这种忧郁的情绪并不是自己造成的，而是像感冒那样的发炎症状，是因为压力引起的大脑发炎反应……

被这种发炎反应欺骗而做出某些不理智的行为，未免也太可惜了。

况且，你觉得自己是个废物，陷入忧郁而做出极端的行为，如果真的是疱疹病毒引起的，那就太冤枉了。

忧郁不是你的错。

很有可能就连忧郁的情绪本身都与你无关，所以请你先把那冲动的念头放一边，就像感冒的时候一样去睡一觉吧。

这很有可能是你的免疫系统出了问题，所以为了等待系统恢复正常，请给自己一个星期的时间不要多想，好好休息。

忧郁时的想法和情绪，很有可能都不是你自己的。所以先停下休息，等待免疫力恢复正常，战场上的焦土恢复生机，很快就会草木繁茂、百花盛开。

你一定能回到自己原本的样子。

忧郁不是你的错,
感到难受的时候就好好睡一觉吧。

身心障碍的新定义

你觉得是缺点的部分，
其实是老天赐给你的优点

大家认识迈克尔·菲尔普斯这位游泳选手吗？

他在2008年的奥运会上，破纪录获得八枚金牌。整个选手生涯总共获得二十八枚奥运金牌，被誉为"游泳怪物"。

迈克尔·菲尔普斯从幼儿园的时候就是个没办法一直坐在椅子上、无法集中注意力的孩子。

五岁的时候被诊断为ADHD（注意力不足过动症）。

诊断症状的医师用否定的态度告诉他的母亲："这孩子可能一辈子都没办法专注做一件事。"

一般的母亲可能会因此受到冲击，放弃孩子的人生。然而，菲尔普斯的母亲并没有接受这种说法。

"这孩子是因为一直对有疑问的事情追寻答案，所以才会充满活力地到处跑。"他母亲回顾当时的状况所说的话，表达出过动症的真相。

这位母亲想把儿子过多的能量用在一件事情上，所以让儿子去学游泳。然而，菲尔普斯就像其他注意力不足过动症的孩子一样，不喜欢把脸闷在水里。

到了这个地步，就算是非常乐观的母亲，也有可能会放弃孩子的人生。

然而，他的母亲不只没有放弃，还说："哦，如果不喜欢把脸闷在水里，那就游仰泳吧！"

因为感受到了仰泳的快乐，菲尔普斯日复一日地练习仰泳，等到回过神来，才发现整个国内已经没有对手了。尝到胜利的喜悦滋味后，对菲尔普斯来说，脸有没有闷在水里根本就不重要，而他也渐渐在其他项目中崭露头角。

最后他不仅打破了蝶泳的世界纪录，还达到连续拿下四届奥运金牌的丰功伟业。

在介绍迈克尔·菲尔普斯的报道时，经常会用"跨越过动症的障碍"来开头。

然而，我认为这种介绍方式不太合适。

因为过动症不是障碍，而是一种能力。

奠定明治维新基础的坂本龙马，据说也是过动症。

乔布斯对计算机很有兴趣，热衷于该领域，最后创造颠覆世界常识的产品 iPhone，他也是过动症。

医学上的"异常"，说穿了只是指超过某个基准值之外的部分。

譬如说，出生时超过标准体重的孩子被称为"巨婴"，体重在标准范围内就是"正常"，在范围之外就是"异常"。

因此，行动力超过基准值被判定为"过动"，专注力变化的速度超过标准，就叫作"注意力不足"。

然而，医学一直在变化。

以前认为上课时心不在焉、想别的事，自然而然产生和眼前的事情无关的思考，就是注意力不足，是在过动症的影响下而出现的"令人伤脑筋的缺陷"。然而，昭和大学的岩波明教授，通过研究爱因斯坦和莫扎特，发现思维徘徊（Mind-wandering）不仅具有创造性，同时也是工作上需要的能力。

而且，以前和周遭的人没有共同话题、无法融入团体的孩子，都会被当作"怪小孩"而被整个社会埋没。

现在美国的教育部认为这样的孩子是有天赋的（比同龄儿童有更卓越的成果，具备优异智慧与精神的孩子），同时还把这些孩子放在特殊班级里小心翼翼地培养。

如果你怀疑自己可能是过动症，请放心吧。你以为是障

碍的过动，只是单纯偏异而已。

更进一步说，过动是一种能力，能够想象（创造）标准范围内的人想象不到的东西。

这只能说是一种才能。

因此，请不要再否定自己了。

你觉得是缺点的部分，其实是老天赐给你的优点。

这个世界正在焦急地等待新一代的爱因斯坦、莫扎特、乔布斯还有菲尔普斯出现呢。

你或许就是下一个也说不定。

你以为是缺陷的部分，
其实是上天赐给你的礼物。

关于好恶

**任何人都有
讨厌你的自由**

我这样说，可能有点突然。我想请各位想象一下讨厌的人。

上司、同事、妈妈圈的朋友、父母……

如果没有讨厌的人，请想象——

"那个谈话节目的主持人好讨厌哦。"

"虽然不至于讨厌，但总觉得很难应付那位客人。"

包含这种情况在内的话，应该没有人能说自己喜欢全人类吧？

就像有人会说"我喜欢蓝色，但是不怎么喜欢红色""我喜欢山，但是讨厌海"，人类是一种会擅自判断"好恶""擅不擅长"的生物。

反过来说，没有人能强制剥夺这样的自由。

既然如此，就像我们自己也会有不怎么喜欢的艺人或客户一样，有人讨厌自己一点也不奇怪吧。

因为喜不喜欢你，是那个人的自由。

以前有个来就诊的患者，非常讨厌我。

那这个患者为什么还要特地来我们医院就诊呢？

这位患者需要注册医师才能开的处方药，而那一区又只有我这一个注册医师，所以才会不得已每个月都来拿一次药。

这位患者非常讨厌我，一进诊间就一脸不高兴。
还经常丢下一句"我的状况都一样"，就"砰"的一声关门走人。
工作人员曾经问我："医生，你不会因为他的态度而生气吗？"
的确，我刚开始很生气。
不过，其实我自己也是喜欢的人占八成，不怎么喜欢的人占两成。
我发现既然自己都有"好恶"，那反过来说有两成的患者讨厌我也很正常。
认为"我可以讨厌别人，但是不想被别人讨厌"，这种傲慢的态度听起来不是很像"你的就是我的，我的还是我的"吗？

后来我就变得不太在意那位患者的态度了，反而觉得："这么讨厌我，还每个月都忍着来拿药，真是太厉害了！"

"不能被别人讨厌""不能讨厌别人"只是偏见,而偏见会制造不安的情绪。

反过来说,只要从这种偏见中解脱,就不会产生不安,就能够轻松地生活。

话虽如此,我还是不想被讨厌啊!我们也来谈谈这种类型的案例吧。

以前 A 小姐曾经问过我:

"我比公司里的任何人都要努力工作,每做一件事都会一再确认,所以不曾在工作上犯错。而且我不喜欢闲聊,所以不会加入上司闲聊的话题,工作时不会多说一句废话。然而,比起我,上司更赏识工作能力差又爱闲聊的 B。我真的不能接受。到底该怎么办才好?"

大家觉得该怎么回答这个问题呢?

其实这个问题里头就隐藏着偏见……

各位看得出来吗?

那就是"只要拼命工作,就能被上司认同,获得上司的赏识"的偏见。

"拼命工作"和"得到上司赏识"完全是两回事。因为把两者混为一谈,才会引发悲剧。

今天假设各位养了两条狗。

第一条狗除了一天两次的正餐之外,绝对不会跟你要零食,也不会随地大小便。然而,就算你回家了,这条狗也不会来玄关迎接你,连尾巴也不会摇一下。

另外一条狗经常跟你要零食,也会随地大小便,可是你一回家,它就飞奔过来,开心地直摇尾巴,用尽全身的力量告诉你"我好想你哦"。

可能大部分人都会觉得后面这条狗比较可爱吧?

虽然你保持着博爱精神,想要给予每个生命相同的爱,但是很遗憾,现实就是这样。

我自己也一样,如果要养狗,也会想选虽然有些呆但是很可爱的狗。就上司的立场来说,也会比较喜欢工作能力不怎么强,但是很殷勤的属下吧。

不过,读到这里仍然觉得"我就是不想讨好上司"的人,按照自己的想法去做也没关系。

因为你知道自己"比起被上司赏识,更想尽全力把工作做好"。

"必须受人喜爱,不能被别人讨厌。"这是小时候就被灌输的思想习惯。

摆脱这种思想习惯,选择认真工作而非献殷勤。

即便因为这样不被认同,但只要自己能认同自己就好了。

持续脚踏实地地努力,你就会渐渐地有成绩,最后一定会带来丰硕成果。如此一来,你不用献殷勤,也会受到肯定。

从今天开始就接受被别人讨厌的事实,从害怕被讨厌的不安中解脱吧。

"我可以讨厌别人,但是不想被别人讨厌。"

这是非常傲慢的想法。

偶尔被人讨厌也没关系。

身体的秘密

身体要休息才能动起来，
休息并非偷懒

前一阵子，患者很认真地问我这个问题：

"医生，我觉得心脏好厉害哦。明明没有人夸奖，它还是 24 小时无休地跳动。相比之下，我真的好没出息。只要一加班，隔天就会好累，根本撑不住。公司里的同事都能做到，只有我会累成这样，真的好丢脸。有没有什么药能让我变得可以加班？"

心脏好厉害……我当时一边听一边想着这种说法还真是有趣。不过，心脏其实并非 24 小时都在工作。

一天之中应该只会跳动 2.4 个小时。也就是说，一整天有九成的时间都在休息。

心脏一分钟会跳动 60 次。我们可以进一步细分心脏的动作。心室收缩大约需要 0.1 秒。这个时候肌肉有用力，但剩下的 0.9 秒心脏肌肉呈休息中的无力状态。

在这段休息的时间，血液回到刚才送出血液的心室，填满之后再度等待收缩，就这样重复下去。

2.4 小时的密集劳动，但是也确实休息了（21 个小时左右），所以心脏才能持续跳动下去。

这种情况不仅限于心脏。呼吸也一样。

吐气的瞬间，肋骨的肌肉收缩，吐出肺脏内的气息。接下来，当肌肉放松之后，肋骨之间的间隙就会变大，肺部也就能吸入空气了。

就连呼吸也不是24小时持续努力，而是有一半的时间休息。

也就是说，生命体就是在"动"与"静"、on与off之间重复循环着。

换句话说，所谓的生存或许就是一连串的do（动作）与be（存在）。

这个世界有昼夜，阴晴，积极和消极，彼此间少一个也不行。

如果只有晴天的话，动植物都会死去。如果只有正面积极，就不会产生"负面消极"的定义。

因为周遭的人都没有休息，所以我也不能休息。各位是不是在和别人比较之后，给自己加上多余的限制呢？是不是认为能做事的自己才能被认可，所以才去责备什么都不做、只是活着的自己"没有存在价值，活着也没意义"？

然而，在正式的忧郁症治疗中，第一步就要从休息开始。

忧郁症就像是心灵骨折。

如同身体骨折那样，需要分静养期和复健期，并做不同的治疗。

为了让心灵的骨干恢复坚韧，头脑和心灵必须尽量减少活动，彻底休养、睡眠并摄取营养，等待心灵的骨干修复就是"静养期"要做的事。

接着，待骨干确实恢复后，通过散步或阅读重建疲弱的心灵肌肉，这就是"复健期"要做的治疗。

休息是治疗的一环，并非偷懒。

因此，请不要因为休息而产生罪恶感。

只认可能做事、对社会有贡献的自己，等于是只认同收缩时的心脏，否定扩张（休息）时的心脏。

只肯定正面积极、有行动力的自己，否定负面消极、静态的自己，等于是只认同肺部收缩时的呼气，否定肺部扩张时的吸气。

不要被社会"一无是处"的偏见操控，请珍惜单纯存在于这个世界的自己。

因为你就是独一无二的自己。

休息是治疗的一环,并非偷懒。
因此,请不要因为休息而产生罪恶感。

男女问题

男人想要结论，
女人想要有人懂

之前，患者曾和我聊到"哥哥自杀了"的话题。

听起来，哥哥的工作很顺利，但是退休三年后，一直为夫妻关系不和睦而苦恼。

"既然在家里过得这么苦，不如别活了吧。"最后哥哥就自杀了。

男人和女人。近来，有越来越多男性具有女性特质，或者是女性具有男性特质。除此之外，还有跨性别者，由此可知男性特质、女性特质这种词汇今后将不会再被人使用。

因此，请把现在的男性和女性当成是从生物学上的"雄性"和"雌性"往前进化的途中。

以现代人的角度很难思考，所以请想象一下绳文时代。

当时，男性为了捕捉猎物，可能三四天都不会回家。

女性在这段时间，即便感到不安，也会带着孩子和周遭的女性一起守护村落。

在这种角色分配的生活中度过了漫长的岁月，人们开始适应各自的环境，也逐渐提升自己扮演该角色的能力。

然后，这些能力就这样被留在 DNA 里面。

而且，DNA 导致大脑在胚胎阶段就改变形态，以符合各自的角色。最后使得男性和女性的大脑变成完全不同的物质，产生截然不同的思考方式。

具体来说，男性无论个性多好，没办法抓到猎物的话，村落的人都会饿死。因此，要求"成果"的脑部构造发达，这种价值观也变成男性的思考中心。

另外，女性重视的价值观又是什么呢？

女性必须和周遭的人和睦地经营整个村落，所以懂得体谅、理解对方的心情，也会表达自己的情感，让别人了解自己，借此强化村落的羁绊。

也就是说，追求"共鸣"的脑部构造发达，这也成为女性的思考中心。

男性脑和女性脑有这么多差异，所以才会出现以下的吵架状况。

譬如说，妻子在瑜伽教室和别人处不好，所以和丈夫商量。

丈夫开始发动"要尽快把猎物送到妻子手上，妻子需要猎物"这种"成果"导向的思考。也就是说，丈夫认为妻子需要解决方法这个"成果"，所以没听五分钟就笑着回答妻子："去别的瑜伽教室就好了啊！"

然而，找丈夫商量的妻子，现在是抱着什么心情呢？

没错，在丈夫不知道的时候，妻子已经启动为了团结村落而发展出来的"共鸣"导向思考。

这种思考的中心在于"希望你了解我有多受伤""希望你知道我有多辛苦""希望你知道，在这么痛苦的状态下，我仍然很努力"。

当妻子的"共鸣"导向思考占优势时，丈夫只用五分钟就说出结论，结束整个话题，妻子会觉得怎么样呢？

应该会觉得丈夫用"结论"这把刀砍向自己的心了吧。

丈夫笑着想："我一秒就解决妻子的问题了。真是个好丈夫。"但是妻子觉得："丈夫在我受伤的心上又砍了一刀。我的心被丈夫的语言之刃砍伤，已经破碎了。"

这就是"离婚"这个绝望的幼苗蹿出来的一瞬间。

从事这个工作 20 年，在诊疗的过程中，我见证 200 人离婚的案例。大家可能会觉得，应该是"身心疾病"这种特别的原因导致离婚的吧？

然而，那只是误会。

很多女性患者悲叹并绝望地说："丈夫在经济方面和教育小孩方面都做得很好，但是完全不懂我得忧郁症的痛苦。"

也就是说，无论丈夫有多么支持自己，和丈夫没有共鸣就会误以为"丈夫对自己没有爱"，最后甚至离婚。

很多男性患者会说："我一边吃抗忧郁剂，一边拼命赚钱还房贷、养小孩（拿出成果），但是我太太还是一直问我'这种药要吃到什么时候？你愿意的话，我可以跟你聊一聊'，真是岂有此理！我受不了了。"丈夫非常执着于自己交出成果却不被认可这一点。

最后，因为妻子没有对"成果"表达感谢，只会表达"担心"（共鸣），而误以为"妻子对自己没有爱"导致离婚。

既然如此，该怎么做才能修复夫妻关系呢？

首先，请了解彼此的差异，然后放弃挣扎。因为这是结构的问题，所以没有办法改变。

如果因为无论如何都无法忍受现任伴侣的这个问题而分手，只要性别不同，以后也还是会出现一样的问题。

接受对方和自己的不同，放下想要控制的念头。
这就是最能够让自己轻松的方法。

大家都不一样，
这也是没办法的事，
人类就是这样啊。
放下吧！

人际关系的奥义

学会共鸣和感谢，
任何人际关系都不会出问题

前文提到跨越"男女差异"的方法。

如果各位已经了解男女的大脑思维差异，接下来还可以做一件事。

那就是——"**理解对方，心甘情愿去做对方想要你做的事**"。没错，要"心甘情愿"。

也就是说，如果你是妻子，那就要认同并且感谢丈夫每天努力获得的成果。

对不得已只能向客户低头、明明薪水微薄还是把收入都投入家庭的丈夫说："谢谢你。因为有你，我们才有饭吃，孩子也能去上学。真的很谢谢你。"

如果你是丈夫，请好好听妻子说话。

然后在听完之后，给予有共鸣的话语："明明这么痛苦，你还是忍下来了。我觉得你很棒。""这真的很惨耶。你做得很好。好厉害哦。"

这不只可以应用在男女之间的问题，也可以应用在所有的人际关系上。

只要学会"感谢"和"共鸣",无论什么样的人际关系都不会出问题。

而且,最重要的就是开头提到的,要"心甘情愿"去做。

和患者对话的时候,我发现有很多人都有"想法上的误解"。

也就是"传达给别人的想法,和自己真正的想法差很多"。

譬如说——

某位患者说:"我想和同事好好相处,请告诉我该怎么做。"

当我回答"这样做就可以了"的时候,有九成的患者会生气地说:"明明是同事有错在先,为什么是我要先低头啊!"

但是这种情况真的很奇怪,就像徒弟说"请教我做一碗美味的拉面(请教我拥有良好的人际关系的秘诀)",师傅就如实地教了。

结果,徒弟反而生气地说"为什么我一定要做拉面啊(为什么自己要为了和同事好好相处而行动)",但是当事人却没有发现。

也就是说，其实患者想表达的是"有错的是同事，我一点错也没有，希望医生可以站在我这边"，但是因为觉得不好意思，所以才变成用"我想和同事好好相处，请告诉我该怎么做"这种形式表达。

现在最重要的不是判断谁对谁错。而且，我们甚至不知道对方想不想和自己好好相处。
想改善关系的人不是对方，而是自己。
既然如此，只能靠自己行动了。

也就是说，因为是自己想改善关系所以改变做法，那就不是"勉强去做"，而是抱着"心甘情愿"的态度。

在彼此都很痛苦的状态下，没有人会讨厌抱着"能够为你做点什么，我真的很高兴"这种想法的人。

只要学会"感谢"和"共鸣",
无论什么样的人际关系都不会出问题。
所以请先从感谢开始吧。

帮助患者的方法

可以抱怨，
甚至哭出来也没关系

身为精神科医生，每年会有几次受邀为精神疾病患者的家属演讲。

来听演讲的人，都是全家共同支持忧郁症患者的家属，所以很多人都筋疲力尽。有时候，照顾者陷入忧郁的状况也不少。

以前我对这些家属演讲的时候，几乎都是照本宣科。
"请多体贴患者。"
"请这样帮助患者。"
我曾经像这样，从"帮助病患的方法"这种角度演讲。
然而，听到这些内容的家属大多垂头丧气地离开——
"我已经没办法再更努力了……"
我心想再这样下去不行，所以改变了传达的内容。

"不需要体贴患者。
请先照顾好自己的健康，把休息视为最重要的事。"

在我这么说完之后，眼神黯淡无光的家属们突然变得充满光彩，明显变得很有朝气。

这些人会特地来听演讲,就表示大家都是非常温柔、过度体贴的人。

忧郁症患者经常会突然哭出来、突然暴怒、晚上睡不着或者是难以入睡,每次都要倾听患者的心声,家属也会变得脆弱。

即便不到忧郁症的程度,要求家属贴近沮丧的家人,就像是要求他们"一边坐云霄飞车,一边在患者身边支持他"。

如果每天都这么做,当患者真正有需求的时候,家属反而没办法帮忙。

因此,家属不需要一起搭上情绪的云霄飞车,只要继续玩旋转木马,保持微笑告诉对方"这样比较开心哦"就好。

不需要配合对方,导致自己的情绪也跟着上下起伏,表现出"一般的基准大概是这样"非常重要。

譬如说,我经常看到丈夫患了忧郁症,妻子就觉得自己也不能开心,所以强忍自己的情绪。

自己都没办法充电了,一直把能量灌输到对方身上只会过度地消耗自己。

如此一来，反而会让妻子对因病在家无所事事的丈夫感到愤怒，进一步责怪丈夫。

结果，对这样的自己感到厌恶与罪恶，开始责备自己，引发一连串的恶性循环。

罪恶感等于是用长枪捅在有裂痕的脆弱心灵上。在这种状态下，会让必须解决的问题变得更难解决。

接下来我要谈的案例是妻子在带孩子的过程中神经衰弱，所以先生一直在家中扮演照顾者的角色。

他因为太过体贴伴侣，导致上班要承受上司给的压力，回家又要面对妻子造成的压力，最后无处宣泄而罹患忧郁症。

保持着身为一家之主的自觉固然很重要，但是只要自己倒下，家庭也会跟着瓦解。

我想，这一定是责任感比任何人都强烈的你最不想见到的状况。

如果你是扮演妻子那一方的角色，请自行走下云霄飞车，和妈妈圈的朋友们好好享受一顿午餐吧。

在那个时候，可以尽情吐露对丈夫的不满。

这并不是在丈夫背后说坏话。

请你在"充足电"之后，去做丈夫想要你完成的事情吧。

如果你是扮演丈夫的角色，请送给妻子3个小时的独处时光，让她去趟发廊吧。然后，也请妻子给你自由的时间，让你可以充分享受自己想做的事情。

和朋友一起吃饭的话，可以对朋友抱怨，甚至哭出来也没关系。

因为你已经很努力了。

俗话说"有苦同担，再苦也只剩一半"，但是分担过头导致自己的能量都用光的话就本末倒置了。

不过度体贴对方，自己保持幸福的状态，这些能量就会传达给患者，让患者回想起：以前健康的时候，我也是这种感觉。

这种分享，我觉得非常动人。

为了帮助对方，
自己要先幸福才行。
为了做到这一点，
请学会掌控自己的情绪，
不要和沮丧的人一起情绪起伏。

Chapter

3

光是改变心灵，就能获得新生

对自杀的考察

从精神医学的角度来看，
人为什么会想不开

最近，有很多艺人自杀。

根据日本厚生劳动省发布的警察厅自杀统计数据，令和元年（2019 年）总共有 20 169 人选择自杀。

说不定有些人就是因为想离开这个世界，所以才会在采取行动之前拿起这本书。

那么，人到底为什么会不想活了呢？

不想活了就是认真活着的证据。

越是在意人生目的和自我使命的人，越会认为"带给人们希望与感动"才有活着的价值。

这样的人会为了获得活着的价值而拼命努力。

这种想法本身非常好，我也希望自己能做到。

然而，问题就出在一些人过于钻牛角尖。

拼命活着的这些人，心灵深处认为自己如果没有带给人们希望与感动，就没有活着的价值。

然后，碰到现实不如预期顺利时，就会误以为办不到这些事的自己不如别活了，而且还真的执行了。

如果是个性认真的人，或许会觉得：会这样想也无可厚非。然而，就算想法正确，也不代表真的需要去自尽吧？

虽然我这样说有点夸张，但是我们所有的生命体，都是一起搭乘"地球号宇宙飞船"的伙伴。

这个地球上的动植物全部都是一家人。

害怕狮子但仍然努力求生的斑马，为了冬眠奋力捕鲑鱼却苦于渔获量骤减的亚洲黑熊，如果从旁看到人类只因为觉得"自己没有价值"就感到绝望，应该会傻眼地说："未免太钻牛角尖了吧。"

除此之外，从巨大的地球生命循环来看，大自然一定会觉得人类很不可思议，心想：咦？这是怎么回事？

你真的非常努力了。

为了改善情况，你不知道做了多少努力。

就结论而言，你拼命反复思考，最后才决定不活了，所以我完全没有要否定你的想法。

不过，请容我问一个问题。

你这么拼命面对"活着"这件事，甚至弄得自己筋疲力尽，这样的你真的想离开这个世界吗？

你的五感真的不希望你活着吗？

你的心脏现在仍然拼命跳动，它是真的愿意让你放弃生的希望吗？

体内为数 60 兆的细胞呢？

除了影响你思考的忧郁情绪之外，被花朵和猫咪疗愈、热衷于玩电动的心，真的对这个世界没有留恋了吗？

你只是对现在的生活方式感到疲倦与绝望而已。

正因如此，在选择死亡之前，要不要结束过去，选择别的生活方式呢？

不讲究"做什么"（do），也不要因为做不到而感到不安或者没有价值，允许并认同自己"单纯存在"（be）。

盛开在大自然中的花朵，无论在什么环境下，都不会说"我不想活了"。

就只是单纯地绽放而已。

你就活在当下。

单纯地活着。

而且,你之所以不想活了,是因为你比任何人都还要诚恳而且拼命地活着,因为你是如此努力。

诚挚面对"活着"这件事，
甚至把自己弄得筋疲力尽，
这样的你真的对这个世界没有留恋了吗？

找出真心话的方法

"不想活了"的念头背后
隐藏着"想活下去"的欲望

我曾经给一位年轻的患者看诊，他让我印象很深刻。

这位少年初中的时候只要稍微读一点书就能考到好成绩，所以备受期待。

他升上的高中也是当地数一数二的公立学校。

然而，他因为过度相信自己的能力而疏于学习，成绩一落千丈。

好不容易才高中毕业，而且考大学的时候也不顺利，已经确定要重考第二次。

刚好在这个时候，他出现提不起劲、没办法去补习班的症状，所以开始来我的诊所报到。

刚开始来就诊的时候，他一直说一些"我是个重考两次的废渣""自己根本没有活着的价值"之类的自我否定句。

虽然我想告诉他，他身上其实有很多优点，但是他说："医生说这种同情的话，反而让我更不愿意活着。"

有时候甚至会出现割腕的症状。

我很了解重考生的孤独，而且这位患者告诉我："其他的大人都很伪善，让人无法信任，但是医生你不一样。跟你说话，我的心情会比较轻松。"所以我请他隔周来就诊一次。

然而，忧郁症的症状迟迟没有改善，患者过了九个月仍然不改绝望的心情。

我一心想着"希望他不要想不开"，拼命说服他，抱着"总之先让他活两周"的心情咨商。

然而，我自己终于筋疲力尽了。

有一个瞬间，我说出真心话："我不否定你绝望的心情，可是你到底为什么不愿意好好活着呢？"

当时，患者稍微想了一下才说：

"其实我爸爸本来就很会读书，也非常优秀，直到我12岁，他都经常陪着我和弟弟。等我们睡着之后，半夜十二点到三点那段时间，他都在自己的房间里加班。

"爸爸真的很厉害……

"有一次，我们聊到三岛由纪夫。

"爸爸说：'我没有勇气像三岛由纪夫那样自杀。'

"我突然回应说：'我总有一天会自杀。'我永远都忘不了爸爸当时震惊的表情。"

那个时候我才知道，这位患者口中的"不想活了"，背后隐藏的真正意义。

毕业于优秀大学、品格也非常出众的父亲和重考两次、有精神疾病的不成材儿子。

对于一心这么想的患者来说，自杀是唯一能超越优秀父亲的方法。

换言之，就是他"非常想获得父亲的认同"，甚至不惜用自己的性命作为代价。他就是这么喜欢自己的爸爸。

同时，我也明白他为什么只对我敞开心门了。

我虽然曾经重考三次历经挫折，但是因为我爸爸是医生，所以抱着"怎么可以输"的心情拼命也要成为医生。

而且，身为外科医师的父亲认为"只要把人体当成物品，切除有病变的地方就好"。而我为了反驳他的想法，成了精神科医师。

我父亲在病床数超过 800 张床的综合医院当院长，而我选择在社区当开业医生。即便看起来低人一等，我也不想在组织里机械性地从事医疗工作，反而想要挑战有人情味的医疗模式。

我用这样的方式反抗父亲,一直选择和他相反的路。
而他因为"赢不过父亲"感到沮丧,为了超越父亲决定自杀,而且还尝试了好几次。

我们两个人在大众的眼中,表面上虽然不同,但其实是同类,他在我身上看见自己,我也在他身上看见自己。

发现这一点之后,隔周就诊那天我也请他的父亲一起来。
我把自己的事情说出来,也传达:"他其实不是真的想不开,而是想要得到父亲认同。"
听完之后,他和他父亲似乎都能理解,从那之后他"不想活了"的念头大幅减少。

在拿起这本书的读者之中,一定也有很多人其实抱着"不想活了"的念头。我不否定这样的心情。
但是,请先放下情绪,稍微想一想。

你不想活着的理由,会不会是因为被父亲否定了?或者是被母亲否定了呢?

如果是这样的话,你或许并不是"不想活了",只是想得到父亲或母亲的认同而已。

若这和你的状况相符,那案例中的少年就是我和你。

假如你也觉得他自杀很可惜,那你自杀也很可惜啊。

你有活着的价值。

因为你非常重视每个念头,拼命又认真地活着,甚至到了走火入魔的程度。

不要被"不想活了"这种表象欺骗,请找出表象背后隐藏的真正心思。

你到底是为什么不想活了呢?

不要被"不想活了"这个表象欺骗，
试着找出表象背后隐藏的真正心思吧。

身体的防卫能力

"不努力"也是人生中
很重要的加分项目

有一位 48 岁的男性来找我咨商。

在诊室听到他说："我已经不行了。我不知道该以什么为目标活下去。"

这个男人比任何人都要提早上班，第一个打开公司大门，也永远比所有人晚回家，总是最后一个离开，他兢兢业业地持续工作 15 年。

然而，不知道是不是他努力过头了。自从心肌梗死倒下之后，他就无法感受到自己的价值了。

想要再拼一下的时候，心脏就会抗议，也完全失去以前的干劲。在自己不知道该怎么活下去的状态下，就连上司也说他"没有以前勤劳"。

听到他这么说，我想起在内科实习时遇到的患者和家属。

千禧年（2000 年）的冬天。我值班到凌晨两点左右时，一名 40 岁的患者被送进医院，他意识不清、病况危急。患者是一名肩头宽阔、体格强健的男性。

做头部的计算机断层扫描之后，发现他左脑大范围出血。包含人工呼吸器在内，我们做了各种措施，但是没等到脑外科医师抵达，那名患者就往生了。

和五岁女儿一起赶到医院的太太，精神恍惚地开始说起过世丈夫的事情。

根据太太的说法，患者高中和大学都是橄榄球社的社员，从来没有生过病，整晚熬夜仍然精力充沛。过了一段时间，又听到太太边哭边说："为什么我老公这么健康还……"我觉得很遗憾，心想："怎么又……"

我之所以这样说，是因为乍看之下朝气蓬勃的人突然离世的情形并不稀奇。

到底是怎么回事呢？其实这些人一点也不健康，只是身体没办法好好发出"好难受、好痛苦"的警报而已。

我们就拿流感当例子吧。尤其是小孩，很容易出现39.5℃的高热，父母会吓得急忙带小孩去看医生，但大多数情况下都不需要担心。

因为高热并不是流感引起的。

身体的本能知道接近40℃的高热可以让病毒失去活性（死亡）。因此，身体发热只是对流感发动正确的免疫反应，刻意变更体温。

也就是说，身体正在运用自己的力量提升体温。

医生其实也知道这一点。

然而，因为患者"想要退烧"，而且也为了避开几万分之一会出现高热引起的昏迷，只好勉强开抗病毒剂和解热剂。

刚才那位患者的状况又是如何呢？我想他应该是对自己的体力很有自信，所以就算身体发出惨叫，仍然过度相信"自己没问题"。

结果，过度自信反而成了回马枪，导致自己枉送性命，所以我才会觉得很遗憾。

现在来看诊的这位患者，因为忧郁而失去以前的干劲，也完全丧失了自信。

我反而觉得这样非常好。

因为这是身体的防卫反应，抑制大脑中让人产生干劲的物质分泌，借此使患者没办法勉强自己，在我看来这是非常出色的能力。

很遗憾，身体不会说话。

因此，只能透过症状试图告诉你"一些事"。

过敏就是为了传达"这个东西不能吃"而出现的身体反应。

鼻涕则是身体拼命排除跑进来的废物才会产生的东西。

如果你为了找到"自我价值"而拼命挣扎，勉强自己接下大家的工作，身体就会为了传达"别这么拼"的讯息而刻意抑制干劲。

如果这是"疾病"，其实也不用勉强治好。

症状并不是"麻烦"，而是非常优秀的能力。

不要被自己脑袋中的想法所影响，请多倾听身体的声音。

请好好慰劳努力生存的身体。

即便上司嘲弄，你也不要在意。

对上司这个指挥官来说，参加比赛的马，如果拥有高度战斗力、持久力、移动力就会被奉为珍宝。

但你并不是公司竞争比赛上的宝马。
你的人生是你自己的。

不是只有"努力"才能为人生加分,
"不努力"也是人生中很重要的加分项目。

症状并非"麻烦",
而是身体发出的求救讯号,
也是非常优秀的防卫能力。

活在当下

人生就像登山，不要只顾着上山，也要好好下山

这里我要介绍的是"让人沮丧的魔法"。

你可能会吓一跳，心想：咦，你这个精神科医生在乱写什么？

不过，这是赋予你活下去的勇气时非常重要的东西，所以请继续读下去。

很受男性欢迎的年轻时代。

光辉耀眼的学生生活。

工作很有价值的二十几岁。

同事都很和睦的前公司……拿最棒的回忆和现在比较，大部分人都会觉得"那个时候一切都很顺遂，以前过得真开心"，然后觉得现在很惨很忧郁。

因为拿现在和自己光辉的黄金时代相比，这种落差本来就会让大部分人都感到沮丧。

实际上，来就诊的患者之中，有不少抱着"以前我很能干"的想法，一直停留在过去光荣时刻的人。

"大学的时候最开心了。好想回到那个时候。"

"男朋友后来成了现在的老公,还是以前自己是他女朋友的时候最美、最耀眼。"

然而,只要你一直缅怀过去,就无法迈向未来,治疗也会一直原地打转。

一定会让人感到沮丧的超强魔法就是"把过去拿来和现在相比,悲观看待现在做不到的事情"。

这真的是恶魔般的魔法,所以绝对不要对自己施展这种魔法。

那到底该怎么办才好呢?

在日本广为人知的金八老师克服魔法的方式,或许可以拿来参考。

演员武田铁矢先生因为电视剧《3年B班金八老师》爆红,在演艺圈广受欢迎,演出许多电视剧。

然而,他42岁时,因为《101次求婚》这部高收视率的电视剧再度变得忙碌,最后陷入忧郁状态。

他曾在电视节目中表示"我感到非常疲劳。想法变得很黑暗。但是，公司如果让我休假，我又会觉得会不会就这样没工作了"，同时反映出"有工作的痛苦"和"没工作的不安"。

从那之后，忧郁的状况持续超过20年，直到他过了60岁，历经心脏瓣膜置换等大手术之后，他对日渐年老的自己更加没有自信，但是某句话救了他。

"人生就像爬山。
往上爬之后就必须下山。
一直往上爬最后只会遇难。"
这是心理学家荣格说的话。

很多人都觉得一直往上爬、一直成长、进步是一件很棒的事情。
所以打算永远攀登高山。
那些进步、成长可能是地位、金钱、名誉。
然而，人类总会体力衰退、眼睛看不见、白头发变多，渐渐做不到以前能做的事情了。

就像小婴儿包着尿布从爬行到学会走路,最后还能跑步一样,攀登到山顶之后,渐渐地会没办法跑,年事渐高之后就连走路都会很辛苦,甚至还要包尿布。

这一点也不丢脸,因为这是大自然的法则。
我们或许会因为年龄日渐增长而失去体力,但是也会获得无可取代的经验。

有失也有得。
这也是大自然的法则。

因此,做不到以前能做的事也不必在意。
就像认同自己一路往上爬那样,好好肯定正在下山的自己吧。
这是破除强力魔法的唯一方法。

人生就像登山。

不要只顾着上山，

也要好好下山。

信息断舍离

你还记得一周前在网络上
看到的信息吗

在精神科看诊久了，就会深切感受到现代人真的很容易被信息影响。

譬如说，脑中风这个疾病。

脑中风"最容易让人担心的症状"就是头晕和想吐。

我先从"头晕"这个症状开始谈。

人类只要"动脉"和"静脉"的血流量大致相同，就不会产生任何症状。

然而，当人因为某些事情感到紧张的时候，肌肉绷紧就会导致情况转变。

动脉通过身体的中心，而静脉则穿梭在肌肉之间。因此，静脉受到绷紧的肌肉压迫时，当然就会导致血液循环变差。当这些无法通过静脉的血液想回到心脏，就必须通过淋巴管。

这种情形如果发生在耳朵周围，就是轻微的膜迷路积水，也是头晕和耳鸣的成因。

然而，只要出现头晕和耳鸣的症状，就会有很多人因为在电视上学到半吊子的知识而怀疑自己是不是脑中风。

当然，去脑外科做计算机断层扫描，也只会得到"无异常"的结果。接着又因为找不到症状的成因，招致多余的不安……

然后，导致肌肉持续紧绷，又引起头晕症状，开始重复恶性循环。

尤其入秋的时候，北风吹来没有戴围巾的话，暴露的颈部会导致肌肉紧绷，刚才的循环就会启动。

当然，这并非异常。

尽管如此，还是有很多人囫囵吞下网络上的信息，误把这种头晕当成疾病。

11月突然变冷的某天，有四名新患者都说他们有眩晕的症状。

我不禁苦笑，心想："总觉得自己好像有四堂课的学校老师，然后每堂课都讲一样的笑话。"

接着来谈谈"想吐"。

这个症状也是经常在电视上被介绍为脑部重大障碍的表征。

然而，心灵和身体是一体两面的东西。

精神科认为，大多数想吐都是人用身体表达"不想接受"的意志。

在漫画或电视剧里看到的"菜鸟"刑警，总是抱着"我要抓犯人"的雄心壮志来到案发现场。你脑中有没有浮现"菜鸟"看到案发现场的惨况之后，马上大吐特吐，还要"老鸟"在一旁照顾的场景呢？

一旦人类心中出现了无法接受的事情，就会产生呜咽、想吐的症状。

当然，这些症状本身并非疾病。

最近，有越来越多人到了上班的时候就想吐的程度，甚至有人真的吐了。这也会让人误以为是"大脑方面的疾病"，到各大医院就诊结果找不到原因，变得更加不安，之后又继续到别的医院就诊。

没办法找出病因，并非你得了绝症。

这只是在身体的正常反应范围中出现的症状而已。

尽管如此，人们还是在网络上发现一些似是而非的疾病，引发多余的不安和紧张，反而让症状更加恶化。

网络非常方便，但是有时也具有毒性。

据说，相较于网络出现之前的 30 年前，现代人的信息量是当时的 20 倍。

也就是说，现代人光是活着，就理所当然会被信息牵着鼻子走，头脑随时处于爆炸的状态。

在爆炸的状态下，加上工作的负担，有些人会误以为自己没有处理工作的能力，甚至因此出现一些极端的想法。

不过，请各位仔细想想看。

如果被问到："请说出一周前的这天，浏览网页时留下印象的三件事。"你能够答得出来吗？

当然，包含我在内，应该大多数人一个都说不出来。

也就是说，我今天用手机花了 1 小时 45 分钟搜寻、浏览的 16 则新闻（我仔细确认过了。哈哈）到了下周的这个时候就完全不记得了。

没错，我们一天会花很多时间在这些连垃圾都不如的信息上，使得大脑和心灵疲劳。

今后请不要再被周遭的信息影响，开始信息的断舍离吧！

请不要把什么都不做误以为是"浪费时间"，大脑本来就因为工作和家事而疲惫不堪，不要再拼命把新的信息往里头塞了。

因为计算机和手机的CPU（中央处理器）、存储器（等同脑浆的部分）没有被使用的时候才能发挥真正的效能啊。

为了让大脑持续运转，

请及时释出空间吧。

不要把时间浪费在无意义的网络信息上。

喜悦的真面目

区分"两种喜悦",
远离空虚感

在精神科诊所看诊，一天之中就会有两个人说"不想活了"。

当我问患者"为什么不想活了"的时候，我发现有很多人都回答："因为活着没什么意思，觉得很空虚。"

有男性患者哀叹："就算大手大脚花掉赚来的钱也毫无成就感。"也有女性患者眼眶含泪地说："我一直在为家人料理三餐，就像个女佣一样，实在太空虚了。"

既然如此，你觉得是什么让人觉得人生没意思、很空虚呢？

我认为原因在于大家都把"两种不同的喜悦"混为一谈。

- 享用点缀精致的圣代冰激凌
- 买到可爱的手提包很开心
- 买门票去迪士尼乐园尽情玩耍
- 购买农夫精心栽种的新米，烹煮成美味的米饭来享用

这些是属于"消费性质"的喜悦。

"消费的喜悦"最大的特征就是"既轻松又愉快,但是没有成就感"。

虽然能够马上得到"快乐",但是因为无法获得成就感,所以只有这种类型的喜悦会让人感到空虚。

另外,以下四种状况就是"生产的喜悦":

- 农夫耕田,培育并收成稻谷
- 艺术家忘我创作自己的作品
- 父母养育孩子
- 为你最爱的人做菜

这种喜悦的特征就是"过程虽然痛苦,但是能得到成就感"。

不过,在获得成就感之前要花很多时间也很辛苦。因此,当人疲劳到不知道自己在做什么的时候就会感到空虚。

所有的现象都是硬币的正反面。

有优点就必然会有缺点。

譬如说，某天突然有人送你一个一直很想要的皮包。

这种时候，刚开始会很开心，但是带回家的路上反而瞬间没有这么想要了。你有过这种经验吗？

之所以会发生这种现象，其实是因为"消费的喜悦"和拼命工作赚钱的"生产的喜悦"两者混在一起了。

很遗憾，"消费的喜悦"并不会带来慢慢存钱买到手的成就感。

譬如说，做拿手菜给男朋友吃，刚开始会很开心。但是，渐渐就会觉得去买食材、收拾碗筷好麻烦。你有没有这种经验呢？

这也是"消费的喜悦"和"生产的喜悦"混合在一起而引起的现象。

"生产的喜悦"一定会伴随辛苦和困难。然而，人总是会在某个时间点把途中出现的"好麻烦"当成是"空虚感"。

"消费的喜悦"和"生产的喜悦"。

两者就像呼吸一样，是成对的存在。

没有哪一种是对的,也没有哪一种是错的。

吸气可以带来氧气,吐气可以排出二氧化碳。
无论哪一种,都是生存上必要且重要的行为。
尽管如此,但我们没有办法同时"吸气"和"吐气"。

是要选择放弃成就感,放松享受快乐与喜悦。
还是在困难和辛苦中找出喜悦,获得成就感。

只要了解自己正在追求哪一种喜悦,并且知道自己在哪一条路上,就能够明白空虚的原因,也能活得更轻松了。

所有的现象都是硬币的正反面。

有优点就必然会有缺点。

人生剩余的时光

人之所以会不想活了，是因为以为生命无限

我太太很喜欢猫,结婚的时候她把爱猫留在老家。

因为四月四日生,所以被取名为"佐罗"。这只猫非常开朗,是大家的开心果。

然而,2020年的9月底,猫的颈部右侧出现10厘米大小的肿瘤,看起来很痛苦,所以带它去动物医院检查。

第一家动物医院的诊断结果是——

超声波检查发现血肿(并非细胞增生,而是血块),但是不确定出血的原因,所以先抽血观察看看。

血肿暂时消了,但是隔天马上又肿起来,病情一直反复,并没有改善,所以换了一家医院就诊。

第二家动物医院做完超声波检查后,诊断结果也一样,用针筒抽出的血液细胞中,并未发现肿瘤细胞。也就是说,这并非恶性血肿。

然而,它渐渐开始出现贫血的症状,也变得有点儿没食欲,所以请医院注射点滴。

在这家医院一样也是用针筒抽出血肿,但隔天又恢复原来的样子。

询问兽医原因,也只得到"不清楚,只能用现在这个方法观察看看"这种消极的答案。

就这样进入了不断反复用针筒抽血又血肿的循环。后来血肿膨胀到20厘米大,已经是原本的两倍,家人觉得地方动物医院的治疗已经到极限,所以暂时让猫咪住在我们家,在这里寻找第三家医院。

在第三家专门治疗肿瘤的动物医院,照超声波发现有血肿也有肿瘤病变(无论良性或恶性,都是细胞增生的结果)。

医生说:"可能需要考虑切除,所以要做计算机断层扫描。不过,做计算机断层扫描需要全身麻醉,也要考虑麻醉的风险。"就在观察期间,原本柔软的血肿开始变硬,它也完全不吃东西了。

而且,佐罗开始血尿,几乎卧床不起,完全没办法动。

我们每天在家里做混合铁剂和止血剂的流质食物,用针筒从嘴巴喂食,一天要喂五次,所以几乎每天都睡眠不足。

11月下旬,发现异常的医师热心介绍我们到综合动物医院做计算机断层扫描。

在第四家的综合动物医院做计算机断层扫描,结果发现是"血管肉瘤"。

恶性癌细胞侵蚀颈部右半边到整个右肩胛骨,大小有20厘米。

已经确定癌细胞转移到两侧肺部和腹部大动脉周围,而且因为贫血太严重没办法帮它麻醉。

血小板数量太少会无法止血,所以也没办法开刀,在健康无法恢复的状态下,我们知道能和它相处的时间不多了。

最后让它在家里吊点滴,但是这些治疗一点用处也没有,佐罗就这样过世了。

这些事情发生在短短两个月之内。

两个月之内,诊断从单纯的血块,变成癌症末期。

这段时间的心烦意乱和沮丧,真的难以用笔墨形容,在爱猫的生命快到终点时,我真的很希望它能活下去,同时也强烈觉得活下来的自己要更珍惜生命。

人有时候会痛不欲生。

然而，那应该是因为心里觉得"在这么痛苦的状态下活着实在太难受了，好想让这种痛苦消失"才会出现极端的想法。

然而，只要了解生命并非无限，而是有限的东西，生命的分量就会改变。

用可能会被误解的话来说——"人以为生命是无限的，所以才会挥霍生命，只要了解生命是有限的，就想活下去"。

想到两个月前还活蹦乱跳的爱猫，我就觉得好难过，早知道当初就多抱抱它，要是能早点发现症状就好了。

因为每天都理所当然地过日子，所以会觉得生命能一直延续。

但是，我们已经无法回到能够拥抱它的过去了。

因为爱猫过世的事情，让我们发现现在的每一天、每一刻，都是弥足珍贵而重要的时光。

生命是有限的。

光是活着就已经是很厉害的奇迹了。

而且,这个奇迹总有一天会结束,当下的这一瞬间再也不会回来。

如果每天都在"早知道就那样做""为什么别人都不懂我"这种后悔或不满等无谓的烦恼中度过,真的很可惜。

正因为我们无法回到过去,才更要用绝对不后悔的想法填满每一刻。

请和无可取代的重要人或宠物,尽情创造快乐的回忆吧。

这就是爱猫最后要我传递的讯息。

人以为生命是无限的，
所以才会挥霍生命，
只要了解生命是有限的，
就会想活下去。

Chapter

4

活着的人能做的事情
就是好好活下去

人生的准则

人生如果没有经历一番艰辛，
就会很无聊

因为工作的关系,我会阅读各种领域的书籍。

其中,有一本是由报社记者撰写的关于"死后世界"的书,我觉得内容很有趣。

主要的登场人物是报社记者妻子和演奏家丈夫。在丈夫离世后的一段时间,妻子收到丈夫从天堂传来的讯息。

刚开始都是一些"天堂很棒""想要什么都有"之类充满肯定的话。

然而,丈夫渐渐开始觉得天堂很无聊。

因为在天堂可以实现一切愿望,所以没办法获得努力后的"成就感"以及不知道会不会实现的"紧张感"。

结果,丈夫开始向往不自由又很难如意的现世,希望能够投胎转世。

我是以现代医学为业的医师,并不是灵媒,所以我不知道世界上到底有没有天堂或冥界。

假设真的有天堂,而且人的确可以从冥界投胎到现世。

那为什么现世总是无法如意顺遂?

听过这个故事之后,就能知道答案了。

这是我重考第三年时的事。考试结果一直不好，我也开始讨厌读书，最后自暴自弃，整天泡在游乐中心。

游乐中心里面有一个被誉为"格斗游戏大神"的人物。

他所向无敌。无论是谁跟他挑战，无论计算机多强，这个神一般的人物都能瞬间击败对方。

可能是因为这样吧，大神渐渐开始觉得无聊了。

从某天开始，大神就改变战斗的方式。

游戏开始之后，他就一直被敌方攻击。

大神刻意毫无防备地承受攻击，减少血量，直到再被攻击一次就会输的时候才把手放在摇杆上。

是打倒对方，还是被对方打倒，只会有一种结果。换了战斗方式之后，大神比平常更精神奕奕了。

周遭的人也对这种状况感到兴奋，只要大神赢了，整个游乐中心的人都会拍手叫好。

没错。游戏越难，过关的时候不只本人开心，就连周遭的人也会陷入疯狂。

人生就像是耗费漫长时间的游戏。

这就是人生无法如意顺遂的秘密。

如果一直没有辛苦过，人生就会很无趣，所以刻意设定成必须经历困难。

过 80 关都没有减少一次血量就轻松结束，那这就只是个烂游戏（无聊的游戏）而已。

人生困难到要拿起这本书阅读的你，一定是游戏大神。

既然都选择了困难的人生，那就好好享受吧！

游戏越难越好玩,
就连周遭的人都会热血沸腾。
人生也一样。

迈向新的阶段

"死亡"
无法重置人生

你有自己的归处吗?

问这个问题的时候,应该很少有人能充满自信地说"有"。

有些人会说"我找过了,但是找不到"。

也有些人是觉得"因为没有归处,活着也没用",所以尝试自杀,最后没能成功,就来医院看诊了。

父母生下我们。

家庭的构造刚好是在"父亲"和"母亲"两组巨大的圆木上,铺一层厚木板组成的。

在这块木板上又跑又跳又躺的就是身为小孩的你。

只要你觉得在这里无论做什么都会被爱、被疗愈,一切都很安全,那你就会放心地离开家庭这个基地到外面去探索世界。

你会在外面的世界交到朋友。

譬如,你想玩过家家,然后提议自己演妈妈,但是像胖虎妹妹那样的女生有可能会否定你:"我来演妈妈,你演宅配送货员。"

你觉得很受伤很难过,但是回到家的时候,妈妈会对你说"你一定很难过对不对",然后用无条件的爱抱紧你。

而爸爸会告诉你:"胖虎妹妹一直这样做的话,大家就会渐渐离开她,而且大家都不会快乐。试着鼓起勇气告诉胖虎妹妹'轮流扮演妈妈吧'。"你会从爸爸身上获得勇气。

心灵的电池充足电之后,又可以向外面的世界飞去。

即使在外面的世界受伤,回到家仍然可以获得爱,你会开始思考"自己到底想要做什么",然后顺着这个想法活下去。

也就是说,你会把"自己"放在生存的中心。换言之,就是能够以自己为中心思考、行动。

如果这样的循环顺利，人就能够靠自我自立生存，成为大人之后，即便父母离世，你也能够站起来往自己的道路前进。

然而，如果碰到双亲情感不和睦，因为离婚或诀别变成单亲家庭，或者是双亲感情没有不好，但是家里有婆媳问题，人就会很难找到平衡。

如此一来，孩子会没有办法在那块大木板上又跑又跳，光是抓住木板就已经筋疲力尽了。

如果自己没有办法配合母亲的行动，家庭会整个翻覆崩坏，所以孩子会想办法取得平衡，以免家庭瓦解。

当孩子发现这一点的时候，就会误以为"所谓的生存，就是要看对方的脸色，配合对方的步调收拾当下的烂摊子"。

在这种状态下"巧妙配合对方"="生存"，所以一个人独处的时候，反而会不知道该怎么活下去。

结果导致人为不安与孤独所苦，不断刻意"配合对方"。

然而，这是一个恶性循环。

如果现在身边有伴侣，就会因为"必须配合对方"而觉得疲惫、痛苦，但又害怕对方会提分手，所以自己主动离开。

这就是以他人为生存中心的人生。

无论是一个人还是和别人在一起都无法满足，缺乏归属感的你，就是这样诞生的。

在这样的不安之中，加上"自己没有存在价值"这种念头衍生的罪恶感，更容易产生忧郁的情绪。

"都是我忍耐配合对方"的想法会产生愤怒的情绪。

这些不安、罪恶感、忧郁、愤怒等负面情绪，就像滚落的雪球越滚越大，朝你袭来。

如果一直生活在这样的状态下，无论是谁都会想要从这种生存的痛苦中逃离，试图让自己变轻松。

因此，才会选择死亡。

我想说的是，"死亡"不等于"重设"。

如果有冥界，能投胎转世，那死亡就是一种重设的机制。

然而，要是这些预测落空，那死亡就只是单纯的结束而已。

虽然负面感受和情绪都会消失，但是你再也无法感受到正面的感受和情绪了。

因此，首先你要在活着的前提下重设才行。

譬如说，不要一心觉得"必须听从父母或丈夫的话"，先试着和父母或丈夫分居。

或许你会在分居之后意外发现是自己一厢情愿的体贴而导致的疲劳，父母或丈夫并没有想要你做到这个程度。

只要和对方保持一段适当的距离，或许就能看清楚了。

或者是说，为了找回自己，开始做以前想做但是放弃的事情。然后试着充分感受开心、快乐、平静、幸福、悠闲等感觉或情绪。

你以前一直过着配合对方行动、消耗能量的人生。因此，没有办法为自己这棵树的树根提供水分，导致树木枯朽。

然而，接下来请你帮自己这棵树浇水吧。只要给予干枯的树根充足的水分，能量就会充满树干和枝叶，你或许就会发现真正的自己了。

虽然因人而异，不过人在婴儿时期一定会有的感受，在懂事之后反而被封印，你有时甚至会因为这些转变而感觉到不对劲。

因为你现在已经"重生"，以自己为中心了，过去对他人来说好使唤的你出现改变，或许会有朋友离你而去。

然而，如果你和过去没有不同的话，"重生"也没有意义。

恭喜你。这种不对劲的感觉就是你迈向新阶段的证据。

今天就是你崭新的生日,也是你剩下的人生中,最重要的第一天。以自我为中心,好好享受一切吧。

想改变的时候，

就会出现很多不对劲的感觉。

不过，

这种不对劲的感觉就是你迈向新阶段的证据。

对事物的看法

"消极"从另一个角度来看，就是谨慎

我们所处的多样化社会，就像变形虫一样形态多变，而且逐渐扩张。

大家主张的内容也都不一样。即便是相同领域的专家，也有很多差异。

另外，前一阵子因为高中生沉迷电玩的问题，美国精神科医学会正式将之命名为"电玩成瘾症"。有一位高中生因为一天连续玩14个小时的游戏就被诊断出患有这个病。

看到实境节目播出某个国家为了治疗这个疾病，把电玩从那名高中生身边拿走，把人绑在床上任由他挣扎的样子使我受到莫大冲击。

一个星期之后。

新闻播出日本高中生在电子竞技大赛上获得优胜，获得一亿日元奖金的特辑。

得奖的人就是当初被诊断为有病的高中生。访谈的时候，他很骄傲地说自己一天花14个小时打电动！

过去的社会都以"佐藤""铃木"等姓氏，或者"里民会""足立区""大田村"等市村乡里，甚至"日本""美国"

等国家单位来经营。

因此，为了隶属于某个"团体"，必须竭尽全力忍耐，努力让大家知道自己符合团体成员的条件。

然而，现在这个时代已经无法再局限于理念或宪法等绝对的"正义"，逼迫所有人遵守相同规范了。

我认为今后将会迎来新时代，这个新时代会通过网络打造共享自己相信的正义、舒适感、相同想法的社群。

所谓的"社群"，就是拥有相同想法与志向的伙伴一起打造的共同体。

在这里拥有相同的价值观，所以"阿宅"这个词汇就会变成"对某件事非常了解的大神"，"畏缩"就会变成"有深度"。

也就是说，原本的缺点会变成优点，人们将了解自己需要正反两面，即便没有做什么大事，存在本身也很OK。

我自己其实也有参加几个在线沙龙，如果没有这些伙伴的鼓励和建议，这本书一定没办法出版。

这个世界没有所谓的正确或不正确，而是"大家都正确"。

只要抱着这种想法，去做喜欢的事即可。

只要定好不会给其他社群造成困扰的规则，就不再需要举起正义的旗帜对战，这个世界也会变得比较容易生存。

不需要努力让周遭的人了解自己。

只要和能够互相分享的同伴打造社群，开始这样的生活就好。在这个社群之中，你会从不被理解的怪人，变成没有人能模仿的、独一无二的存在。这样的时代已经开始了。

这个世界没有所谓的正确或不正确，
而是"大家都正确"。
只要抱着这种想法，去做喜欢的事即可。

包容力

世界上根本不存在不给别人制造困扰的人

在长期受压迫、感到痛苦的状态下，就会出现"妄想"这种症状，人们会去相信"不可能的事"。

忧郁症常见的妄想有三大类型：

● 无论发生什么都认为是自己的错——罪孽妄想
● 认为自己得了不治之症而感到绝望——疑病妄想
● 因为觉得自己没有钱而感到悲观——贫穷妄想

这三种类型并称为"忧郁症的三大妄想"。

其中，我们这些特别容易在意他人眼光的人最常见的就是"今天下雨导致活动中止，都是因为我这个雨男[1]的关系。给大家添麻烦了，对不起"这种"罪孽妄想"。

各位是不是也有虽然不到妄想的程度，但是莫名有罪恶感的时候呢？譬如说——

"我只要一出现，气氛就会变得很尴尬，所以觉得很抱歉。"

"我只要去看比赛，支持的队伍就会输，所以我都不去看体育比赛。"

"不要给别人造成困扰"这样的教诲以及重视这项教诲的文化，都是我们应该引以为傲的部分。

但是，对很多人来说，这样的文化反而成为阻碍，因为"怕给别人造成困扰"而擅自限制自己，甚至无法拥有自己的人生。

而且，如果这种偏见很强烈，就会让人觉得"我这种人在场只会给别人造成困扰"进而产生罪恶感，导致极力避免和他人相处，形成自闭的状态。

最后会有人心想"我这种人还是消失好了"，然后认真思考死亡这个选项，甚至真的执行。

但是，请等一下。

你真的有对别人造成很大的困扰吗？再者，给别人造成困扰，真的是什么天大的错误吗？

我的一位朋友，是个和印尼人结婚并生活在印尼的日本女性。

这个朋友在印尼生活的时候,最受冲击的事情就是印尼人对"困扰"的思考方式不同。

我们的父母或校方都会告诉孩子"不要给别人造成困扰"。

然而,在印尼则是会教导孩子:"你平常也会给别人造成困扰,所以别人给你造成困扰时要原谅他。"

仔细想想,世界上有多少人就会有多少不同的想法和意见。为某个人好的善意,有时候对别人来说就是个困扰。

因此,严格来说,世界上根本不存在永远不会给别人造成困扰的人。

既然如此,争辩什么事会给别人造成困扰或者什么不会造成困扰,然后不断增加规则,只会让人变得喘不过气,根本就没什么意义。

让我们从更宏观的视野来思考看看吧。

譬如说,对蔬菜而言,采收后被人类吃掉或许是一种困扰。

但是,人类吃掉蔬菜之后得以生存,排出的二氧化碳和粪便可以作为养分,可以让蔬菜的种子继续成长。

这些种子长成蔬菜后又被吃掉,在不断互相依赖的状态下,这个世界、这个地球才能维持循环。

己所不欲,勿施于人。

然而,不得不给别人造成困扰的时候,也不要因为罪恶感否定或伤害自己,只要在以后有人给你造成困扰时,选择原谅对方就好了。

不要把"困扰"当成不愉快的连锁效应,而是当成"互相体谅""感谢对方的谅解"这种感谢的连锁效应,你所看到的世界将会出现180°的转变。

只要你能想起困扰=感谢,那么罪恶感这种情绪就会如烟雾般散去。

你不可能永远不给别人制造困扰，
所以无论是自己给别人制造困扰，
还是别人给自己制造困扰，请选择原谅。

到底哪一个重要?

人生就像登上高塔的螺旋阶梯

有一位患者问我："因为我觉得活着很痛苦，所以读了很多书，但是我看到《请为自己而活》和《请为他人而活》这两本完全相反的书后，觉得很疑惑。到底该怎么做才好？"

的确，书店的同一个书架上会同时陈列以"不需要牺牲自己，请为自己而活"和"以我为人人的利他精神生活，才能开辟人生"为主题的书。

而且，两本书都写得头头是道，让人觉得迷惘也是理所当然。

应该有些人是时而被否定"你都只想自己，太过以自我中心了"，时而又被说"你太为别人着想了，请对自己好一点"，这种时候就会烦恼到底该怎么办才好。

恕我直言。这两个选项的重点在于两个都是对的。

譬如说，我们从某个高塔眺望景色。

高塔的南方是森林，北方是可以俯瞰市中心的高楼大厦。

白天，南方的树林染上秋天的颜色，拥有大自然的无敌美景。

然而，到了晚上，北方高楼大厦的夜景简直价值百万美元。

那里集结了许多发明家、建筑家、在施工现场挥洒汗水之人的理想的结晶,只为了让人们的生活能够舒适一点。

这种时候比较哪一种景色更美,一点意义也没有。
大自然和夜景都很美,两者都是正确答案。

人生就像登上高塔的螺旋阶梯。

为了别人粉身碎骨地工作导致筋疲力尽,最后决定活出自己的人生,为了看见截然不同的景色而攀爬漫长的螺旋梯也很好。

反之,因为太过我行我素而感到孤独和空虚,所以来个一百八十度大转变,在别人的笑容中感到满足也很棒。

像这样每次都看到不同景色并且不断重复下去,就是所谓的人生。

对有些人来说,只是回到原本的景色之中,所以或许会很沮丧，觉得自己的努力毫无意义。

然而，这是一座螺旋阶梯。看到原本的景色，就表示你已经往上爬了。你正在往上攀登。

也就是说，你通过经验脚踏实地地成长，能够站在比之前更高的地方俯瞰整体。

重复俯瞰相同的景色，一点一滴成长，攀登人生这座高塔。

当你总算站在高塔顶端，能够360°环绕一圈的时候，哪一边的景色比较好这种烦恼就会消失了吧？

届时你发自内心的笑容，自然而然也能让周围的人一起笑出来。

没错，同时让自己和他人都幸福，并非不可能的任务哦。

人生是一座螺旋阶梯。

看到原本的景色，

就表示你已经在往上攀登了。

控制情绪

**想要稳定情绪，
只要先让身体稳定即可**

我在 20 岁重考那段时间持续做的其中一件事就是"肥田式强健术"。

这是由肥田春充这位天才在第二次世界大战前首创，并且在日本引起风潮的呼吸体操法。1902 年的郡是制丝，也就是现在的郡是股份有限公司，也把这套体操纳入公司的体育项目了。

肥田老师在著作当中提到：

"当你心中快要产生恐惧的时候，只要把横膈膜往下压，心脏就不会受到压迫，恐惧的情绪也就不会产生。"

具体的做法就是让上半身完全放松，下半身保持有力量。

这类似《鬼灭之刃》的主角炭治郎所用的全集中呼吸法，只要应用这套呼吸法，就能让心情冷静下来，不安的情绪也会不可思议地消失。

关键在于通过姿势和呼吸控制情绪。

各位是否曾经被情绪牵着鼻子走呢？

或许情绪化的人之中，有很多人认为情感本身就是从"自我"而来。

不过，如果通过改变姿势和呼吸，就能压下情绪，那这个情绪或许并非源于你。

除此之外，运动员大多都很有自信，其实是因为他们知道可以控制自己的身体到某种程度。

你知道为什么吗？换句话说——

能控制身体 = 自信

无法控制身体 = 不安

也就是说，想要稳定情绪，只要先让身体稳定即可。

如果因为不安而手足无措，当务之急就是要积极正面地看待事物。

然而，一直正面积极地看待事物，还是有可能会遇到瓶颈。

即便如此也没关系，这种时候请试着呼吸吧。

首先要做的是正念疗法经常提到的呼吸法。

所谓的正念疗法，是一种把心导向"当下"的方法，也是精神科的认知行为治疗法之一，这里以呼吸法为例。

吸气四秒，止息四秒，吐气八秒。

大概就好，在心里默数秒数，一分钟之内做四个回合这样的呼吸。如此一来，原本因为兴奋而紧张的交感神经会静下来，放松之后副交感神经就会占优势。

做两分钟呼吸法练习之后，身体就会变得轻松很多，心中的不安也会消失。

另一个方法是流传于西藏的呼吸法。

首先吸气四秒，吐气四秒左右，但是吸气的时候要在心中默念"身体"，吐气的时候默念"放松"。

默念"放松"的时候，要想象身体的力量完全释放。

接着一样吐气约四秒，吸气的时候在心中默念"我"，吐气的时候默念"要微笑"。

默念"要微笑"的时候，请真的扬起嘴角微笑。

这个时候想想自己最喜欢的人、宠物、食物，会非常有效果。

上述的呼吸法为一组，做完四个回合之后，呼吸和心中的杂念、各种纷扰都会静下来。

试着去改变"呼吸""端正姿势"等身体的状态。

光是这样就能让心情变得很轻松。心情轻松，想法也会变得轻松，只要持续下去，你自己和整个世界都会改变。

如果因为不安而手足无措，
当务之急就是要积极
正面地看待事物。

培养自信的方法

即便是跨出一小步
也能让人有自信

长年从事这个工作，经常会有人问我："我一直都很没自信，该怎么做才能培养自信呢？"

最近也经常被问到："我罹患恐慌症已经五年了，到现在都很害怕，连搭电车的自信都没有。在这样的状态下，如果父母过世，我觉得自己可能会有极端行为。到底该怎么做才能培养自信呢？"

听到这种问题的时候，我经常会用辅助轮来譬喻。

各位骑着三轮车的时候，看到骑脚踏车的大人，心里有什么想法呢？大家可能记不清楚了。

不过，当时应该会觉得："为什么只有两个车轮，看起来很不稳定，还不会倒呢？"

即便如此，只要不断练习，跌倒再站起来，找到感觉之后一百个人之中就有一百个人能学会骑脚踏车。

换句话说，并不是先有自信才能学会骑脚踏车，而是不断练习，最后才学会骑。

也就是先行动，学会骑之后自信就跟着来了。

有自信心之后想尝试其他事情的人,就像已经能骑没有辅助轮的脚踏车之后,才把辅助轮拿掉一样。如果行动和自信的顺序相反,不只学不会骑脚踏车,而是永远都做不成任何事。

说到这里,应该有很多人会沮丧地想:"所以错在无法行动的我对吧?"不过,这是无可奈何的事,绝对不是你的错。

因为这是我们人类体内残留的野性本能"生命保护机制"已经启动的关系。

动物的世界是弱肉强食的世界。弱者如果逃跑失败,就会被吃掉并因此送命。

所以动物的本能会让人极度害怕失败。

这并非疾病,而是非常正常而且重要的能力。不过,人类从原始时代开始克服的饥荒、地震、两次世界大战,现在失败已经不等于死亡了。因此,不需要再被这种本能影响。

在现代,像美国前总统唐纳德·特朗普那样,经历两次破产也能站上世界巅峰,成为美国总统,失败已经不是什么大问题了。

从某个时间点开始，我对"失败"的看法变成——

"这并非失败。只是让我知道这样做没办法成功而已"或者是"了解这个做法不适合我"。

从这个角度去想，失败并非不愉快的过去，而是宝贵的经验。

失败也会成为人生的指针，让自己确认今后的道路是否正确。

医师有两种：一种是受医院雇用的在职医师；另一种是自己经营医院或诊所的开业医师。我最后上班的医院很受欢迎，每天大概都有一百名患者。有这么多患者，我能花在每个人身上的时间当然就会有所限制。在这样的状况下，不顾患者想倾诉的心情看诊，让我心里觉得很痛苦。

尽管如此，我也不能不帮上门的患者看诊，当我回过神来，一转眼就已经过了13年……

我花了13年的时间，彻彻底底地体验了"我其实不适合当在职医生"这个失败经验。

话虽如此，我也是因为这样才会不管有没有自信经营好诊所，就每个月付钱给税务会计师和社会保险管理师，抬头挺胸去做"适合自己的工作"，从事必须完全承担患者生命的开业医师。

即便有恐慌症，害怕搭电车，也要先试着去车站。

如果没问题，下一步就可以买月台票试着走去月台再回家。

要是可以走到月台了，再趁 11 点左右这种比较空旷的时间搭乘一站。

像这样按部就班地，慢慢搭到目的地。

就像用细小的枝叶点燃柴火，自信之火就会渐渐壮大。

因为害怕失败而不行动的话就太可惜了。

即便是愚蠢的一小步也可以，请试着在养成自信之前行动吧。

"先试着行动"是培养自信最扎实的方法。

失败并不存在。
你只是发现不适合的方法而已。
请抱着这样的想法，
　先尝试行动吧。

幸福的计算方式

不要去细数已经失去的东西，
只要珍惜现在拥有的就好

新冠肺炎扩散的那段时间，有很多人因为无法预测未来而感到不安，害怕会失去工作，每天的生活过得很辛苦，经常感到撑不下去了，觉得自己被痛苦和绝望包围。

其实我也是其中一员。

距离诊所 400 米的托儿所出现群体感染的时候，来看诊的患者顿时骤减。

而且诊所内要达到防疫的标准非常困难。

疫情初期，连口罩都买不到，所以尝试了很多种方法。

我曾拜托朋友从进口口罩的公司，以每片 120 日元的价格一次性购买 4 000 片，在网络上采购透明的隔板，为了购买诊所内消毒用的酒精凝胶而到处奔走，每天都很忙碌。

刚开始看诊的时候，必须戴着口罩、中间要有隔板，让我觉得很不习惯。

在这种状态下，一直以来理所当然能做到的事情出现诸多限制，当人们觉得现在很不顺利时，就会对未来感到不安。

因为是以现在不顺遂的状况为前提思考未来，所以不安的感受会更强烈，然后渐渐陷入绝望。

最后甚至觉得"如果这种痛苦的状态会一直持续下去，那活着也只是更痛苦，不如别活了"，并因此选择死亡。

然而，关键在于了解"现在的痛苦将永久持续下去"只是错觉。

譬如说，医师和患者都要戴着口罩并且隔着亚克力板咨询，这种情况在一年前是不可能的事情。

现在却成了大家都习惯的正常光景。

在企业的努力下，充足的口罩在市场上流通，价格也回归正常。

就像西班牙流感一样，这种状况不会持续一辈子。

人类最后会获得免疫，疫苗也会被开发出来，一定能克服这个病毒。

你之所以觉得痛苦，是因为你认为现在的痛苦会一直持续到未来。

如同我刚才所说，这都是错觉。

为了摆脱错觉，第一步就是不要用否定的态度，而是用肯定的态度看待现在。

譬如大约 180 年前，日本当时正逢天保大饥荒（1833—1836 年）。

秋田藩已经没有粮食，越来越多人连家里的土墙都吃。

人口也从 40 万人减少到 30 万人。

相比当时的惨况，现代大多数人都不愁没东西可以吃。

而且，以前仅限有特定关系的人才能获得信息，现在只要通过手机就能瞬间获得信息。

以前要花交通费到图书馆，在书架上找到需要的书，而且从几百页里面找到需要的信息，现在用 Google 这种搜索引擎，只要两秒就能查到。

你有钱能买下这本书，而且也有能力阅读。

虽然不是新衣，但是有衣服可以穿。

请试着把眼光放在"拥有的东西"而非"没有的东西"，然后表达感谢吧。

每个人最终都会离开这个美丽的世界，而那时地位、名声和金钱都是带不走的。

你能带走的，只有和真正重要的人之间的回忆。

极端地说，人生走到最后，一切都会被强制剥夺，所以没有成果也无所谓。

只要你发现自己身边已经拥有很多，就会肯定现在的自己，"在疫情之中，还是很坚强""虽然店已经没了，但是家人都很健康"，不安和恐惧等负面情绪就会消散，正面的情绪一定会再度出现。

这种情绪会连接到积极正面的未来。

"不要细数已经失去的，感谢现在拥有的，抱着愉快的心情生活。"

请先以这一点为重，试着生活看看吧。

不要去细数"自己没有的"，

而是珍惜"现在拥有的"。

你其实已经丰盈富足。

不要停在原地

罪恶感是让自己和周遭的人都不幸的恶魔情绪

有一位非常令人尊敬的精神科医师，他就像父兄一样让我景仰。

我曾经和这位恩师一起工作，他从头教导我该如何以精神科医师的身份为患者看诊。

他非常喜欢看到别人开心的样子，不只踏实地从事医疗工作，让患者绽放笑容，还经常请后生晚辈吃寿司或牛排，总是笑着看我们开心吃吃喝喝的样子。

不仅如此，他也把我当成自己的孩子一样疼爱，我父亲住院的时候他还特地来探望。

这样的医生，竟然自杀了。

不知道是因为家人生病还是为工作而苦恼，至今仍原因不明。

我内心因为失落感而破了一个大洞，这个洞里充满"自己没能帮他"这个罪恶感。

这样的罪恶感成为负能量来源，我开始出现"当初要是一起喝一杯就好了"的后悔，以及"为什么不来找我商量"这种类似愤怒的情绪，心头也略过"从今往后不知道还能依靠谁"的不安,最后连我自己都呈现忧郁状态。

罪恶感。我自己也曾经充分体会过,再也没有别的情绪能比罪恶感更让人痛苦了。

尤其是经历父母或小孩以自杀的方式离开人世的人,心中一定会产生这种情绪,有很多人即便是经过数年或数十年都沉浸在罪恶感之中生活。我非常了解被这种情绪淹没的心情。

如果有精神状况一直无法改善的患者问我:"为什么我的病情一直没有起色?"我一定会马上回答:"问题出在罪恶感。"

然后接着说——

最好放下你的罪恶感。

因为这份罪恶感,会让自己还有除了自己以外的重要的人,陷入超乎想象的不幸。

请试着想象。

你是一对双胞胎兄弟的母亲,独自抚养孩子们长大。

某天，两个孩子吵着要在三岁生日的时候去野餐。

你凌晨四点就起床，做了三明治和炸鸡，带着孩子们出门野餐。

孩子们对便当赞不绝口，天气很好，虫鸣鸟叫，这天非常幸福。

在温暖的阳光下，你开始打起盹。

等你回过神来，发现野餐垫前方 50 米就是悬崖，两个孩子就快要掉下去了。

你急忙赶过去要救他们，但是发现用双手拉住两个孩子会导致三个人都滚落悬崖。

你好不容易伸出一只手救回双胞胎弟弟，但双胞胎哥哥就在你眼前坠崖，永远都回不来了。

"要是当初坚持不要去野餐就好了""要是我没打盹就好了"，心中充满罪恶感的你，完全睡不着也食不下咽，只是每天一直哭。

无论谁来，你都拉紧窗帘完全不回应。

这样的日子不知道持续了几天。

一回神已经是第七天的早上。突然一转身，发现双胞胎弟弟因为没水没食物，已经衰弱地倒在地上咽气了。

让自己和周遭的人都陷入不幸，这就是罪恶感的真面目。
罪恶感和反省心类似，能轻易入侵人们的内心。
而且会持续侵蚀很多人的心。

每个人最终都会离开这个世界。
或许正是因为生命既梦幻又脆弱，所以才很宝贵。

如果可以，我希望恩师还活着。
无论有什么烦恼、过得多么悲惨，我都希望他能想方设法地活下去。
然而，留在人世的我们，总不能一直被"死亡"绊住，甚至因此无法度过自己的人生，让家人处处顾虑我们，就这样敷衍生命。
已经离世的重要的人，会希望你因为罪恶感而终日哭泣吗？

因为工作的关系,我经常为忧郁症和躁郁症患者看诊,无论再怎么小心,有时负责的患者还是会自杀。

每次遇到这种情况我也会被罪恶感吞噬,很有挫折感,但要是我在这里停下脚步,其他患者的治疗就会中断。

所以我会往前看,带着笑容调适自己的身心,为现在还活着的患者谋幸福,实现自己的使命。

你一定也可以。

请站起来,让我们一起开始迈出第一步吧。

请抛下罪恶感。

因为罪恶感是一种会让所有人不幸的强烈情感。

珍贵的宝物

**所谓的生命,
就是上天给予的有限的时间**

东日本大地震已经过去 10 余年。

当时我在东北沿海的医院工作,所以有过各种体验。

很多遗体被运到附近的体育馆。我因为汽车没油,导致在医院看诊的时候和大家挤在地上睡了好几晚。所有物资都集中在急救医院,分发物资做得不完善,至今我仍记得白饭配柴鱼粉和美乃滋的味道。

在看诊期间,有多名我负责的患者死亡,也有很多患者的家属过世。我了解失去重要的人是怎么一回事。

我们只要失去重要的人,就一定会出现各种念头。

原本有的东西突然消失,内心就会出现像破了一个大洞一样的"失落感"。

要是自己能够做得更好,重要的人或许就不会离世的"罪恶感"。

质疑重要的人为什么要留下自己去另一个世界的"愤怒感"。

今后没有重要的人支持,不知道自己要怎么活下去的"不安感"。

觉得一切都结束的"绝望感"。

在各种情感袭来的时候,人会想要有责怪的对象,甚至责怪自己,脑中一片混乱,不知道接下来该怎么活下去。

呈现这种状态很正常,所以我并没有要责备的意思。

不过,如果有人正在烦恼,不知道该以什么为目标活下去的话,请听我一言。

东日本大地震的时候,我太太的朋友A开车载着祖父母去避难所。然而,中途遇到海啸,汽车被水冲走了。

水渐渐淹入车内,A试图打破车窗逃离,祖母推开A的手说:"只有你活下去也好,快逃吧!"接着就被海啸吞没了。

后来,A虽然被混在海啸中的树木击中而骨折,但是顺利抓住漂流的木头活了下来。

海啸退去后,在汽车后座找到他的祖父母,两人双双身亡。

看到这一幕的A,沉浸在没能救出祖父母的后悔以及只有自己活下来的罪恶感中,痛不欲生。

在这样的状况下,A 心生后悔和罪恶感,甚至出现"不想活了"的念头也是没办法的事。

震灾后的门诊中,有患者每次来都流泪诉说"想要去两个过世的儿子身边",也有患者在爱妻过世后过得像行尸走肉,我遇到很多有相同想法的患者。

但是,去世的人看到这种情况真的会开心吗?

我认为,活下来的人最应该做的事情,就是去做往生者想要我们做的事,然后避开往生者不想要我们做的事。

祖母一定希望 A 幸福地活下去,连同自己的那份,所以才会刻意放手。

既然如此,活下来的人就不应该因为被罪恶感压垮而万念俱灰,反而是以重要的人留下的爱、通过经验了解的智慧为粮食，竭尽全力活在当下。

如果提不起劲做任何事，只要活着也就足够了。

对于违背自我意志、在寿终正寝前就离世的人来说，最不想看到的就是自杀。

而他们心中最想做的事情，一定就是在自己的寿命范围内活下去。没错。就是活着而已。

所谓的生命，就是上天给予的有限的时间。

这段时间一定会结束。

既然是上天给予的礼物，那就收下吧。

这是对无法收下礼物的亡者唯一的供养。

不要被后悔和罪恶感牵着鼻子走，请试着单纯地活下去吧。

活着的人能做的事情就是活下去。

好好地活下去。

结语

我在 2021 年 2 月 14 日写下这篇文章。

之前出现六级地震,让我想起东日本大地震已经过去好多年了。日本广播协会(NHK)开始播出涩泽荣一的历史剧。我看着历史剧,想到接下来将会开始一个新的时代。

涩泽荣一是活跃于明治、大正时期的实业家,他曾参与创办五百多家公司,被誉为日本的资本主义之父。

涩泽荣一大显身手的那个时代,社会阶层分为士农工商,武士地位高,从事金钱交易的商人身份地位低微。

然而,因为资本主义社会的关系,从武家和贵族等拥有武力或者良好家世的人最有权力的时代，转变成即使是平民，只要拥有大量金钱或能赚钱的公司也能拥有权力。

就像翻转沙漏一样。
最上面的沙，反而被压在底下，跌落地狱的深渊。
原本被压在最下层的沙，只要靠努力就能爬上来。

2020年。新冠肺炎带来全球性的结构变化，这次变化不输明治维新，沙漏再度翻转重置。

譬如，以前成为一家公司的老板，就是"出人头地"这个人生游戏的目标。

然而，在疫情之下，无法预估销售额，成为老板要承担很多辛苦与责任，所以大家都敬而远之。

因此，今后的时代，应该会有越来越多人认为比起勉强工作弄坏身体只为往上爬，不如工作到一定程度，在收入范围内享受自己的时间。

今后，化妆这种竞争外表美感的时代将会结束，大家一定会开始阅读对心灵有帮助的书，吃对身体好的食材，让每个细胞都变美丽，把注意力放在内在美上。

而且，过去日本社会都是靠学校和镇民会、公司等集团一起做事。在这种架构下，最注重忍耐力和协调性，格格不入的人即便有优秀的才能也无法发挥，就此被埋没。

另外，现在是个非必要就禁止集会的时代。

只需要和少数拥有共同想法的重要人物见面，通过网络表达自己的想法，有同感的人就会自然而然聚集，这个世界将变成以才能、沟通能力、共鸣为中心。

假设精神科门诊一天有50名患者，大概每天就会有两个人说"不想活了"。换句话说，每年约有500人，20年就约有一万人说"不想活了"。

但是，其中有99%的人并非真的不愿意活着。

他们只是误以为想逃离现在痛苦的状况、重设自己的人生，就等于"不想活了"。

新冠肺炎导致我们的生活发生改变，没有人知道现在该怎么做、这样对不对，过去累积的常识都不再管用。

各位或许也不知道该以什么为基准活下去，并因此感到不安。

然而，反过来说，这是我们摆脱"这样才正确""必须好好生活"等限制重新生活的大好机会。

因为，我们不用死，时代就擅自重设了我们的生存方式。

既然如此，你要不要试着重新活一次呢？

要不要试着忘掉过去，随着这波潮流，活出自己的人生呢？

如果有风吹来，就当作是风推了你一把，抱着感谢的心抓住机会吧！你还能再往前走更远哦。

如果吹来逆风，就当作是让自己成长的机会，抱着期待的心情挑战吧！你一定会飞得更高。

无论是哪一种风，都可以尽情享受。

活着其实不难。

你只要做你自己即可。

只要活着就已经很棒了。

请珍惜重要的人和自己的时间。

不要被他人左右，在新时代活出真正的自我人生吧。

毕竟无可取代的人生无法重来。

接下来，我要感谢制作这本书的时候，不断鼓励我"这个世界需要这本书"的斋东亮完先生；从企划阶段就开始帮助我，让这本书充满灵魂的山本时嗣先生；仔细整理散乱原稿的 Sunmark 出版社的岸田健儿先生。

除此之外，还要感谢很多帮助完成这本书的人。

重复阅读十几次原稿——思考表达方式和单字的妻子凛，真的很谢谢你。

最后，比起任何事、任何人，我都更想感谢读到这里的你。

谢谢你拿起这本书。

这本书有机会被你读到，真是太好了。

平光源